우주탐사 초등용

들어가기에 앞서

본 자료는
미항공우주국(NASA)의 항공우주과학교육교재를 토대로 새롭게 구성한 과학교육자료로 초/중등 교육자가 청소년들에게 과학교육을 위해 활용할 수 있도록 제작되었습니다.
※ 본 교육자료의 저작권 교육과학기술부, 한국항공우주연구원에 있으며 비상업적인 교육 목적에 한하여 사용가능합니다.

초등용 우주탐사

목차

단원 1 | 달 이야기
- 달은 어떻게 생겼을까요? ……………… 06
- 달의 지형 알아보기 ……………… 10
- 표토 만들어보기 ……………… 23
- 크레이터는 왜 생길까요? ……………… 28

단원 2 | 달 탐사
- 달 탐사선 아폴로 ……………… 37
- 과녁 맞히기 ……………… 41
- 사뿐히 내려앉아요 ……………… 47
- 월면차로 달 둘러보기 ……………… 52
- 계란 무사히 내려놓기 ……………… 58
- 물건을 들어올려요 ……………… 62

단원 3 | 달기지
- 생태계 조사하기 ……………… 76
- 주거지 조사하기 ……………… 81
- 항해 조사하기 ……………… 83
- 의료 조사하기 ……………… 94

단원 4 | 화성 이야기
- 화성 사진을 살펴보자 ……………… 109
- 지구와 화성은 다를까? ……………… 126
- 화성 지형을 만들어보자 ……………… 138
- 행성을 여행해볼까? ……………… 145

1. 달 이야기

 단원 소개

본 단원은 달에 관한 전반적인 내용을 실었다. 1차시에서는 달의 지질학적 구조와 달의 기원에 대하여 알아보고, 달에 착륙한 우주선들의 이야기를 한다. 2차시에서는 아폴로 우주선이 찍은 달 표면 사진을 분석하여 달의 지형을 공부한다. 3차시에서는 지구와 달 표면의 표토를 비교해 보고 여러 가지 재료를 사용하여 표토를 만들어보는 활동이다. 4차시는 달 사진에서 가장 많이 볼 수 있는 크레이터의 모양을, 표토와 구슬을 사용하여 직접 만들어보는 활동을 한다.

주제 안내

순	주 제	대상학년	소요시간
1	달은 어떻게 생겼나요?	3~6학년	40분
2	달의 지형 알아보기	5~6학년	60분
3	표토 만들어보기	4~6학년	60분
4	크레이터는 왜 생길까요?	5~6학년	60분

 지도상 유의점

이 단원은 달의 지질학적 형태에 관한 이야기와 활동으로 저학년에는 어려울 수 있는 단원이다. 그러나 내용이나 활동의 수준을 교사가 조절한다면 고학년이 아니더라도 적용 가능하다.

차시 활동이 이야기 읽어주기라면 교사가 직접 읽어주거나 인쇄하여 학생들에게 직접 읽어보는 시간을 주어도 좋다. 또한 만들어보는 활동인 경우에는 팀을 미리 형성하여 그룹별로 재료를 나누어주고 하도록 안내해준다. 그리고 교실에서 해도 무방하나 가루 물질이 많이 날려 처리가 곤란한 경우에는 야외교실을 사용하도록 한다.

4 배경 지식

지구와 달의 비교

	지구	달
크기(km)	반지름 6378	반지름 1738
질량(kg)	5.98×10^{27}	7.3×10^{22}
평균거리(km)	384000	384000
공전주기(일)	365.25	27.322
자전주기	23시 37분 22초	공전주기와 같음
공전속도(m/s)	30000	940

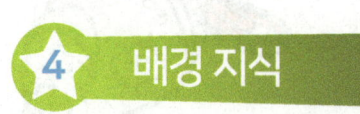

달의 특징

1. 달은 자전주기가 길기 때문에 달에서의 낮과 밤은 각각 2주씩이나 지속된다. 따라서 달의 표면 온도는 낮과 밤에 따라 그 차이가 대단히 심하다. 밤에는 약 영하 170℃, 낮에는 약 영상 130℃나 되므로 낮과 밤의 온도차는 무려 300℃나 된다. 이렇게 낮과 밤의 온도차가 심하기 때문에 암석이 부서져서 달 표면은 아주 고운 먼지 흙으로 덮여 있는 것이다.

2. 달의 표면은 아주 고운 먼지흙으로 덮여 있으며 그 표면 위에는 조약돌만한 것에서 집더미만한 것까지 다양한 암석들이 쌓여 있다. 서베이어 호가 달에 내려 달 표면을 탐색한 결과에 의하면, 달의 표면은 부드러운 토양과 암석이 혼합된 표토로 덮여 있으며 이들은 운석의 충돌로 달의 기반암이 부서져 생긴 것으로 풀이되고 있다.

3. 달에 설치된 월진계에 의하면 월

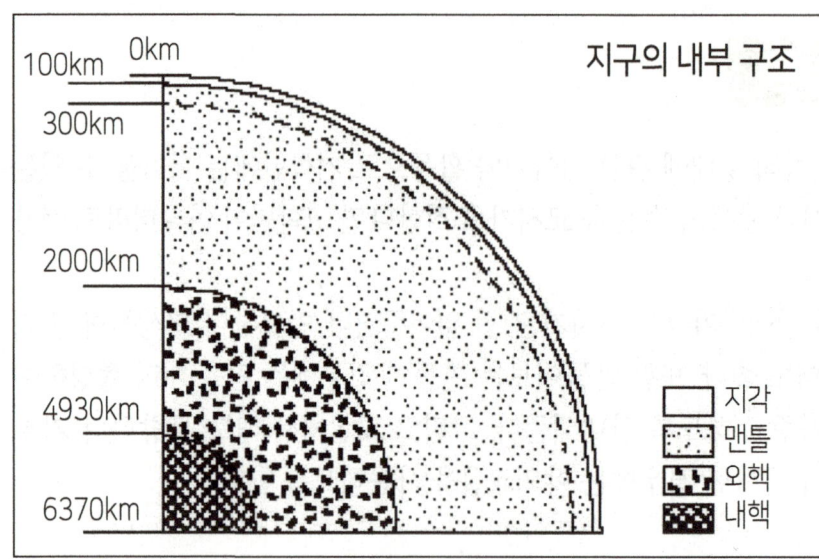

지구의 내부 구조

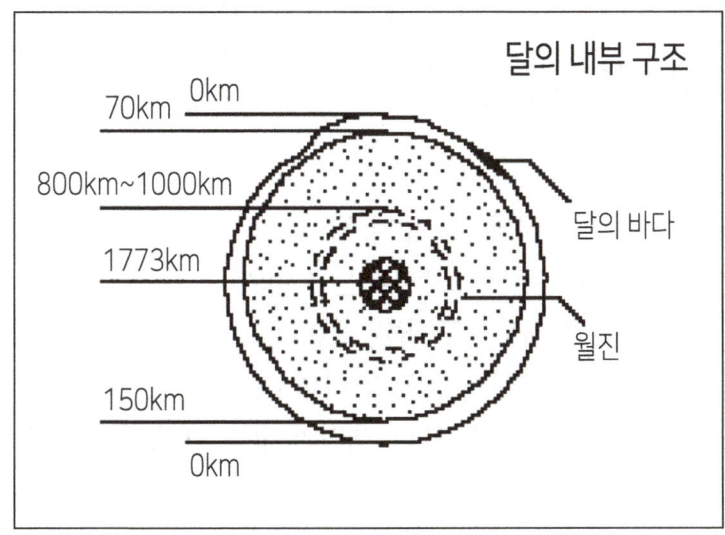

진이 일어나기는 하나 그 강도는 대단히 약하다고 한다. 월진의 진앙은 깊이 1000km까지 존재할 수 있다고 밝혀졌다. 이 깊이까지는 단단한 고체로 되어 있다는 뜻이다.

달의 표면은 표토가 10m쯤 깔려 있으며 그 아래로는 현무암질의 지각이 깊이 60km를 싸고 있다.

지각 아래로 약 1000km 깊이까지는 고체의 맨틀이 놓여 있으며, 맨틀 아래는 반지름 500km나 되는 중심핵이 자리하고 있다. 그러나 중심핵은 지구에서처럼 무거운 금속성 물질을 지니고 있지 않다. 중심핵의 온도는 1500K 정도로 예상되며 달의 중심부는 부분적으로 용융된 상태로 있다.

〈 참고문헌 : 교양 천문학(민영기,우종옥,윤홍식 / 형설출판사) 〉

달은 어떻게 생겼나요?

달은 지구와 같지 않다. 바다, 호수, 강이나 시냇물도 없다. 남극과 북극에서 바람을 타고 이동하는 빙하도 없다. 온통 회색 먼지뿐인 달의 표면에서는 장미와 나팔꽃도 피지 않는다. 공룡 발자국도 없고 곤충도 없다. 물론 사람들도 살지 않는다. 그러나 이제까지 사람들은 달을 바라보며 오랫동안 달에 대해 궁금해 했고 달에 다녀오면서 달에 관한 사실들이 드디어 하나씩 밝혀지게 되었다. 이 차시는 달의 표면, 대기와 내부, 기원, 우주선 탐사에 관한 이야기를 실었다.

학습목표
이야기를 읽고 달에 관한 호기심을 해결할 수 있다.

해당학년 : 3~6학년   **소요시간 :** 40분

달의 표면

달의 표면을 살펴보면 밝은 부분과 어두운 부분이 있다. 고대 그리스에서부터 밝은 부분은 땅으로, 어두운 부분은 바다로 여겼던 것 같다. 이것은 망원경이 발명되기 훨씬 이전부터 사용하였기 때문에 아직 바다라는 용어를 사용하고 있다.

달 표면의 거의 대부분은 예전에 땅이라고 여겼던 고지대로 이루어져 있는데 색이 밝고 구덩이가 많다. 특히 달의 뒷면은 대부분이 고지대로 구성되어 있다.

고지대에 있는 많은 구덩이를 크레이터라고 하는데 이들 크레이터는 전부 운석이 달과 부딪히면서 만들어진 것이다. 달에 우주선이 가기 전까지는 크레이터가 화산 활동으로 생겼다고 생각하였으나 직접 달에 가서 본 뒤 크레이터의 원인은 운석과의 충돌이라는 것이 확실해졌다. 운석과의 충돌은 폭탄이 터지는 것과 비슷하다. 운석은 충돌할 때 초속 20km 이상의 속도로 충돌 후에는 운석 전체가 증발하여 형체도 알아 볼 수 없다. 부딪힌 달의 일부는 증발하거나 녹지만 대부분은 부딪혀 생긴 둥근 부분의 가장자리에 쌓이게 된다.

달의 바다는 지구에서처럼 물이 존재하지 않는다. 단지 편평한 저지대를 뜻할 뿐이다. 바다는 30개로 알려져 있는데 이 중 4개만 달의 뒷면에 있고 나머지는 모두 앞면에 있어 지구에서 바라볼 수 있다. 바다에는 고지대보다 크레이터의 수가 적다. 이는 고지대보다 나중에 생겼다는 것을 의미한다. 이 사실 또한 아폴로 우주선이 달 표면에서 샘플을 가져와 분석한 결과 알 수 있게 되었다.

달의 표면은 지구와 같이 흙으로 덮여 있을까? 달의 모습이 지구의 화산과 비슷해 보일지도 모르지만, 짙은 회색이라는 공통점 외에는 비슷한 점이 없다. 달 표면은 모래이며, 수 십 억년에 걸쳐 운석이 충돌하고 그로 인해 원

래의 표면은 가루 형태가 되었다. 달에는 공기가 없어서 운석이 부딪힐 때에도 아무런 저항 없이 최고 속도로 충돌하게 되기 때문이다. 이렇게 달을 덮고 있는 이 가루층을 달의 표토라고 한다.

 ## 달의 대기와 내부

달에는 대기가 아주 조금 있다. 사실 너무 작기 때문에 가스를 만들기 힘들고 태양에서 부는 바람에 의해 그나마 그 가스도 휩쓸려 버린다. 아폴로 우주선에서 나온 배기가스조차 오래 머무르지 못하고 우주선이 착륙하고 이륙할 때만 잠깐 있었을 뿐이다.

아폴로 우주선은 달의 내부가 어떻게 생겼는지 알기 위해 달의 진동을 측정하는 월진계를 설치하였다. 그 결과 월진이 일어나기는 하지만 대단히 약한 것으로 확인되었다. 최대 월진이 진도 5 정도이다. 접시가 찬장에서 떨어지는 정도로 1년에 한 번 정도 일어난다. 이는 달의 운동이 지구보다 활발하지 않다는 증거이다.

또한 월진계 측정 결과, 달의 지각은 지구의 대륙 지각보다 두껍고, 그 아래 맨틀이 가장 많은 부분을 차지하며 맨틀 아래쪽에는 작은 핵이 있다.

만일 우주의 별들을 보고 싶다면 달에서 관측하는 게 좋다. 달에는 대기가 거의 없고 월진도 없어 망원경을 설치하기에 가장 적합한 장소이기 때문이다.

 ## 달의 기원

달이 어떻게 생겼는지에 관해서 사람들은 오랫동안 밝혀내지 못했다. 이 문제를 가지고 수백 년간 고민하였는데 그렇게 고민한 여러 가지 의견 중 대표적인 것은 다음과 같다.

먼저 찰스 다윈의 아들 조지 다윈이 이야기한 분리설이다. 지구와 달은 같은 덩어리였는데 자전을 빨리 하면서 달 크기의 작은 덩어리가 떨어져 나가 지금의 달 궤도를 돌고 있다는 설이다.

다음은 지구와 달이 동시에 생겼다는 동시생성설이다. 원래 지구에는 토성과 같은 고리가 있었는데 그 고리를 이루고 있었던 작은 운석과 기체들이 모여 달을 형성하였다는 설이다. 그러나 지구와 달의 구성성분이 다르기 때문에 이를 뒷받침하지 못하고 있다.

또한, 포획설이 있는데 이는 지구가 완전히 만들어진 다음, 달이 지구 궤도 근처를 지나가다가 잡혀 생겼다는 설이다. 그러나 태양계 밖에서 지구에 들어올 때 충돌하거나 지나쳐버릴 가능성이 많고 지금처럼 깔끔하게 지구 밖의 궤도를 돌기 힘들다는 문제점이 있다.

최근 이론인 충돌설은 45억 년 전 화성 크기의 천체가 우연히 지구의 가장자리와 충돌하여 충돌체는 지구에 녹고 떨어져 나간 일부가 모여 달이 되었다는 설이다. 달 착륙선에서 가져온 샘플로 달의 구성성분을 확인한 결과들이 이를 뒷받침해주고 있다. 그러나 이 또한 완전하지 못하고 부족한 점이 많아 현재까지도 연구를 계속 하고 있다.

달의 우주선 탐사

    1959년 두 번의 실패 끝에 소련의 루나 3호 우주선은 달의 뒷면을 촬영하는 데 성공하였다. 이로써 달의 뒷면은 그 대부분이 고지대로 이루어져 있다는 것을 알게 되었다.

1964년 미국의 레인저 7호, 1965년 레인저 8호와 9호를 달에 충돌시켜 달 표면을 가깝게 촬영하였다.

1966년 루나 9호를 발사하여 달 표면에 착륙시켰으며 바로 이어 루나 10호를 발사하여 달의 둘레를 도는 공전궤도에 처음으로 진입시켰다. 그 이후에도 미국과 소련에서는 계속 우주선을 발사하여 달에 착륙시켰다.

1969년 미국의 아폴로 11호가 드디어 달 착륙선에서 내려와 달 표면을 내딛었다. 인간이 최초로 다른 천체에 발을 내려놓는 순간이었다.

    이 아폴로 계획은 1972년 아폴로 17호까지 계속 진행되었다. 달에 착륙한 우주인들은 월면차로 달을 돌아다니며 월석을 채취하고, 월진계를 설치하였다. 달 탐사에 상당한 성과를 얻었으며 그들이 채취한 월석으로 많은 사실들을 알아내게 되었다.

달은 어떻게 생겼나요?

학년   반
이름

생각해요

1. 달의 표면은 어떤 부분으로 이루어져 있나요?

2. 달의 고지대에 많이 있는 크레이터는 어떠한 이유로 생겼나요?

3. 달에 대기가 있나요? 또 내부구조는 어떤지 지구와 비교하여 말하여 보시오.

4. 달이 어떻게 생기게 되었는지 여러 설을 들어봤습니다. 여러분은 어떤 설이 가장 타당하다고 생각하나요? 그 이유도 무엇인지 쓰시오.

달의 지형 알아보기

NASA에서는 달 탐사 궤도선(LRO : Lunar Reconnaissance Orbiter)을 보내어 달 궤도를 회전하도록 하였다. 이 우주선은 달에서 가장 안전한 착륙 장소를 선택하고, 달에서 나는 자원을 알아본다. 또한 달의 환경이 사람들에게 얼마나 적합한지를 판단하는 역할을 한다. 이로써 그 곳에 사람들이 살 수 있는 달 기지의 건설 기반을 마련한다.
여기에 소개된 활동은 달에 기지를 세우기 전에 과학자들처럼 우주선에서 찍은 사진들을 살펴보며 달 표면의 모양을 분석할 수 있도록 하는 활동이다.

학습목표
아폴로 우주선에서 찍은 사진으로 달 표면의 모양을 알 수 있다.

해당학년 : 5~6학년    소요시간 : 60분

이것이 필요해요
달 표면 사진들, 달 지형 설명과 지형 기록표

 이렇게 준비해요
제시되는 사진들을 화면으로 먼저 보여주고, 학생들을 3~4개의 팀으로 나눈다. 각 팀마다 인쇄된 종이를 나누어 주어 서로 비교하고, 자세히 분석할 수 있도록 시간을 많이 준다.

핵심단어
지형 : 땅이 생긴 모양이나 생김새
LRO : Lunar Reconnaissance Orbiter, 달 탐사 궤도선
궤도 : 지구나 달 같은 천체나 인공위성이 이동하는 길

활동 내용

1. 학생들과 알고 있는 공통적인 지형에 대하여 이야기한다.
   - 이전에 한 번도 가본 적이 없는 장소로 여행을 떠난다고 생각해 봅시다.
     그 지형이 어떤 모양인지 또 무엇과 비슷한지 알아보아야 할까요? 그렇다면 그 이유는 무엇일까요?
   - 이번에는 달에 갔다고 생각해 봅시다. 달 표면이 무엇과 비슷하게 생겼는지 알아야 할 이유는 무엇일까요?

2. NASA 사진을 보여주며 달의 지형을 확인하는 과정을 설명한다.
   - 달의 밝은 지역과 어두운 지역을 보세요. 왜 이렇게 보이는지 알고 있나요? 각 지역의 이름도 알고 있나요?
     달에서 밝은 지역은 다른 지역보다 높은 고지대이고, 어두운 지역은 달의 바다라고 한답니다.

3. 달의 사진을 보여준다. 달의 고지대와 달의 바다를 확인하게 한다.

4. 지형을 이루고 있는 종류에 관한 설명을 읽어보고 이 지형이 어떻게 생겼는지 같이 읽어보도록 한다.

5. 각 팀에 사진과 기록장을 나누어 주고 지형에 관한 종류를 사진에서 찾도록 한다. 그 다음 지형 기록표에 표시하는 과정을 알려준다. 어떤 지형은 여러 장의 사진에 나올 수도 있다는 것을 인지시킨다.

6. 각 팀이 활동한 결과를 발표한다. 다른 결과가 나올 경우에는 그 과정을 설명하게 한다.
   - 어떤 지형이 확인하기 쉬웠나요?
   - 달에 착륙하려면 어떤 장소를 선택하는 것이 좋을까요? 그 이유는 무엇인가요?

 달 이야기

 **지형 기록표(정답)**

주어진 사진에서 표시된 1~20번 지형을 보고 해당지형을 찾아본다.

순	1	2	3	4	5	6	7	8	9	10	11	12	13	14	15	16	17	18	19	20
크레이터 내부 산													●							●
분석구								●	●											
크레이터 분출물											●									
돔																●				
고지대	●				●															
충돌 크레이터										●										
용암류														●						
달의 바다		●				●														
다중고리형 분지				●																
사선			●																●	
열구							●											●		
크레이터 계단형 벽												●							●	
주름 지형															●					

달의 지형 알아보기

학년   반
이름

지형의 종류에 관한 설명

크레이터 내부 산	큰 충격 크레이터 중앙의 산
분석구	화산 폭발로 만들어진, 낮고 넓으며 어두운 원뿔 모양의 언덕
크레이터 분출물	충돌 크레이터 주변에서 분출되어 가라앉은 물질
돔	화산 지형인 것으로 생각되는 낮고 둥근 언덕
고지대	달에서 가장 밝은 지역으로, 운석이 달에 부딪히면서 생겼으며, 셀 수 없이 많은 크레이터가 있다.
충돌 크레이터	운석 등이 달 표면에 부딪히면서 생긴 둥그런 모양의 구멍
용암류	지하에서 표면으로 흘러나온 마그마에서 생긴 것
바다	용암류가 낮은 지역에 채워질 때 생긴 지역. 낮은 지역은 대개 커다란 운석이 충돌하여 생긴 거대한 분지 안에 있다. 바다가 달 표면의 16%를 차지한다.
다중고리형 분지	둥그런 산악 지형으로 둘러싸인 거대한 충돌 크레이터로 여러 겹의 동심원 모양
사선	충돌 크레이터에서 사방으로 뻗은, 밝은 줄무늬
열구	열려진 용암의 통로나 붕괴된 용암 동굴로 인해 생긴 달 바다의 통로
크레이터 계단형 벽	중력과 산사태로 인해 푹 꺼지면서 생긴 계단 모양으로 충돌 크레이터의 가파른 벽
주름 지형	바다에서 길고 좁으며 주름이 있는 언덕 지역

 달 이야기

지형 기록표

다음 사진을 보고 해당 지형을 찾아 각 번호에 표시하세요.

순	1	2	3	4	5	6	7	8	9	10	11	12	13	14	15	16	17	18	19	20
크레이터 내부 산																				
분석구																				
크레이터 분출물																				
돔																				
고지대																				
충돌 크레이터																				
용암류																				
달의 바다																				
다중고리형 분지																				
사선																				
열구																				
크레이터 계단형 벽																				
주름 지형																				

14

달

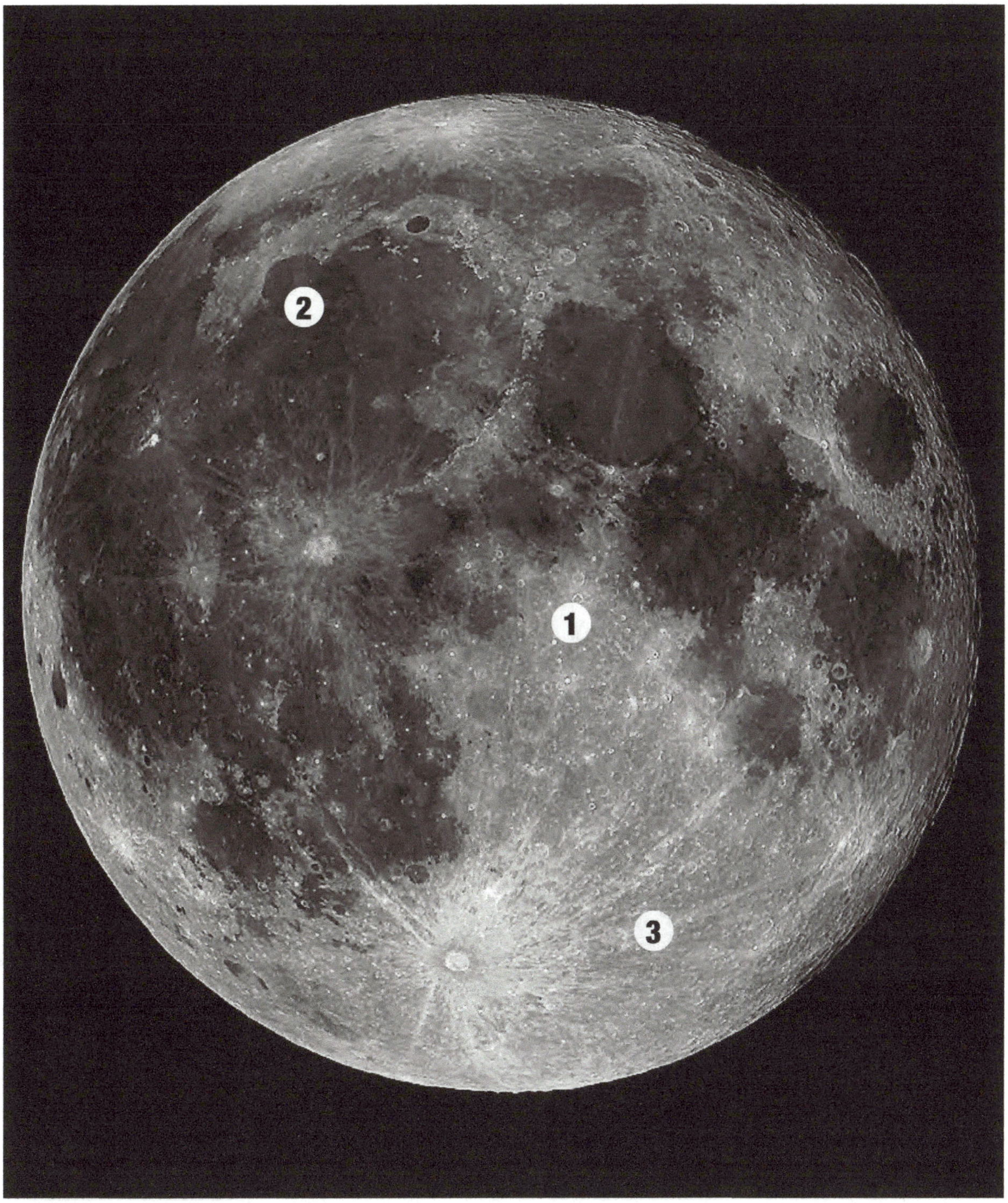

오리엔탈(Orientale)

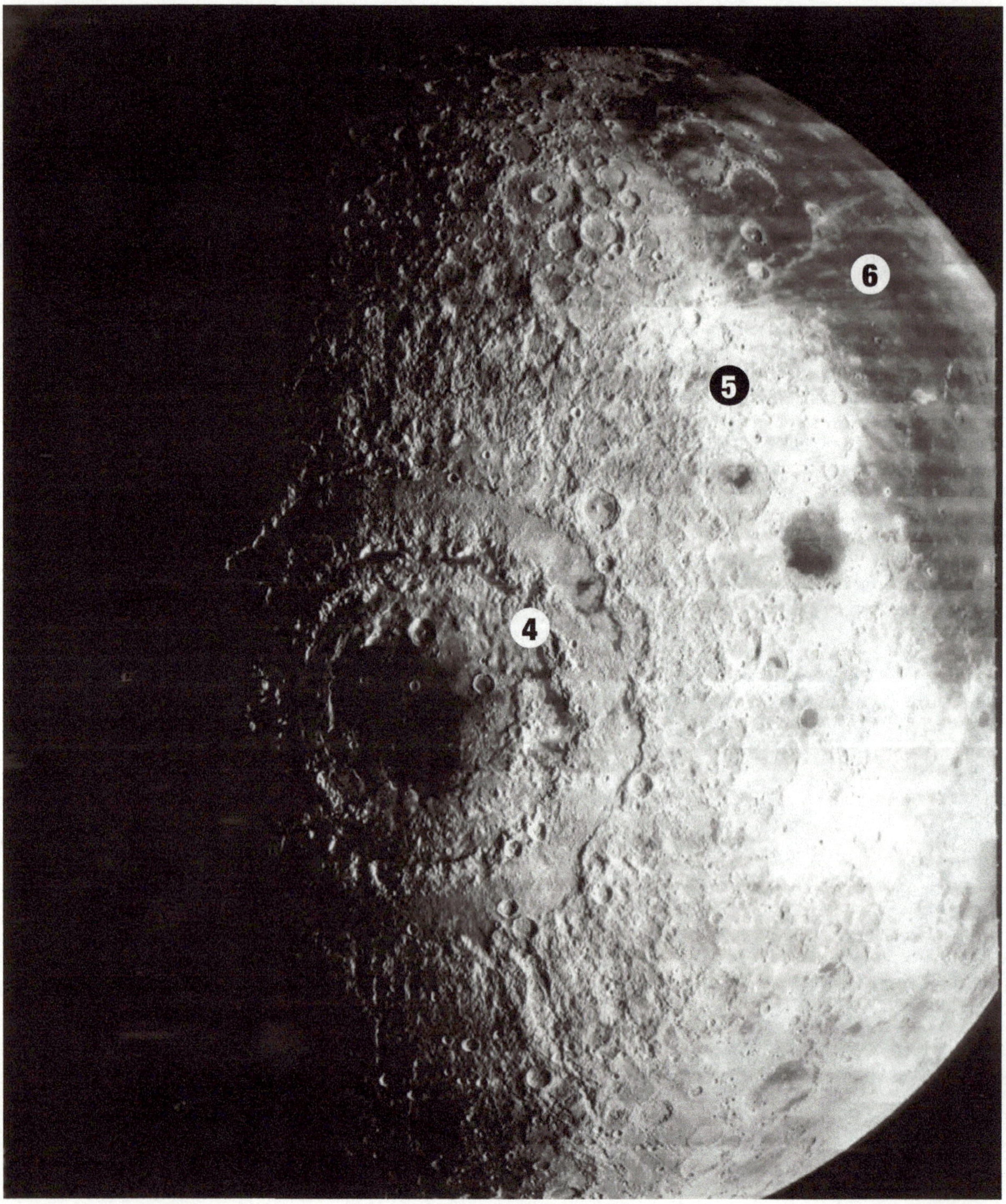

아폴로 15호 착륙 장소

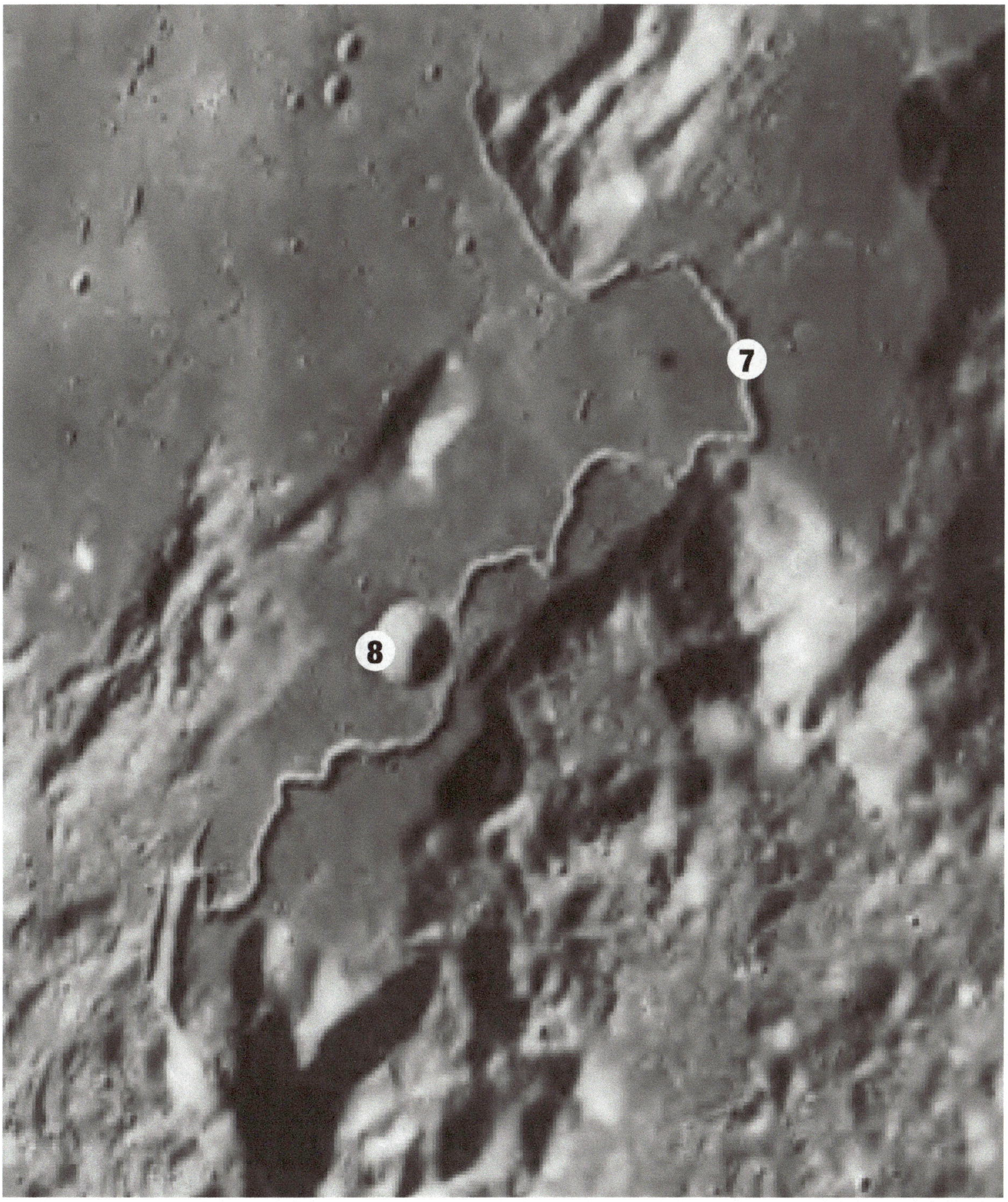

알폰시스(Alphonsis)

 티코

비의 바다(Mare Imbrium)

폭풍의 바다

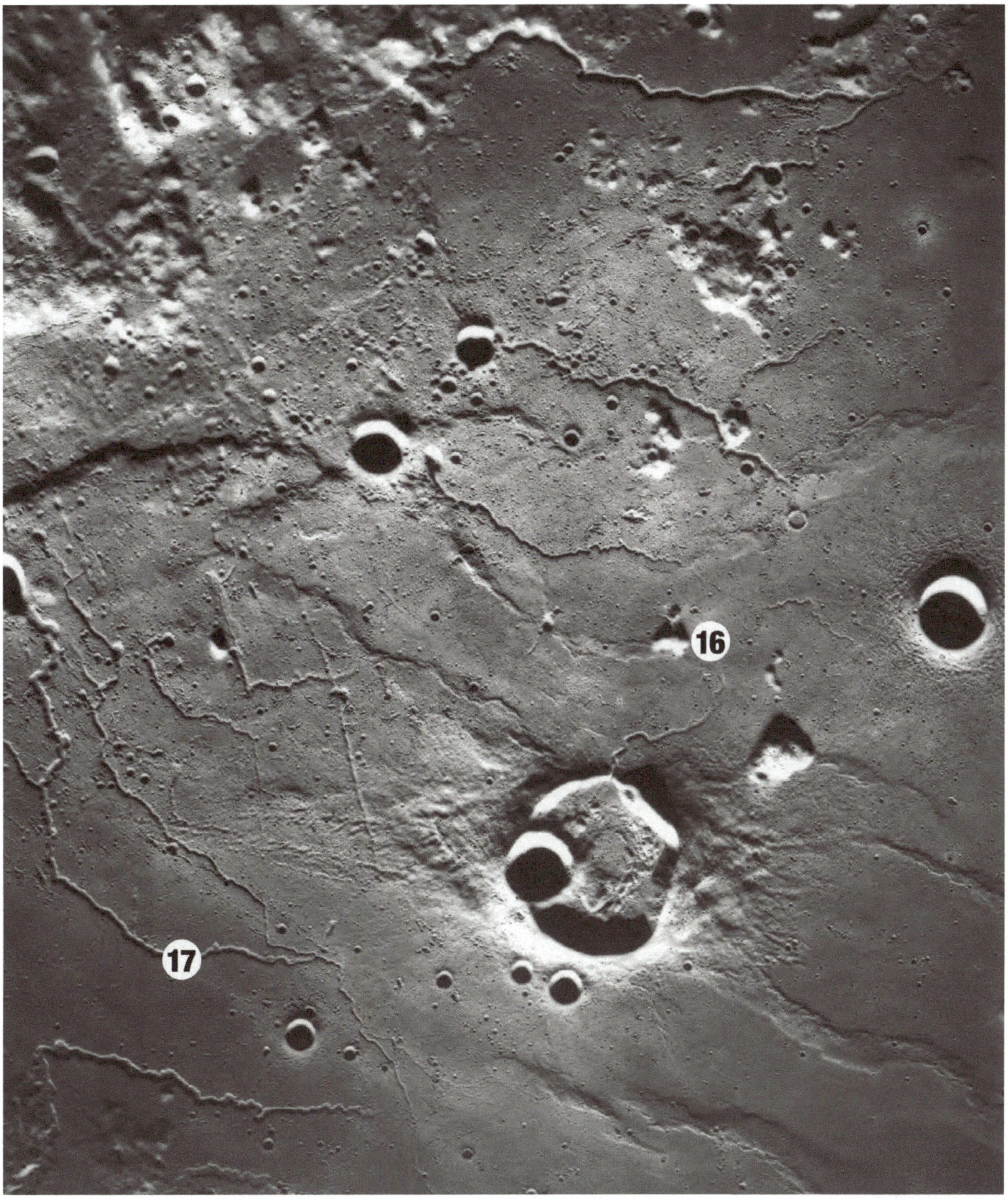

 달 이야기

코페르니쿠스

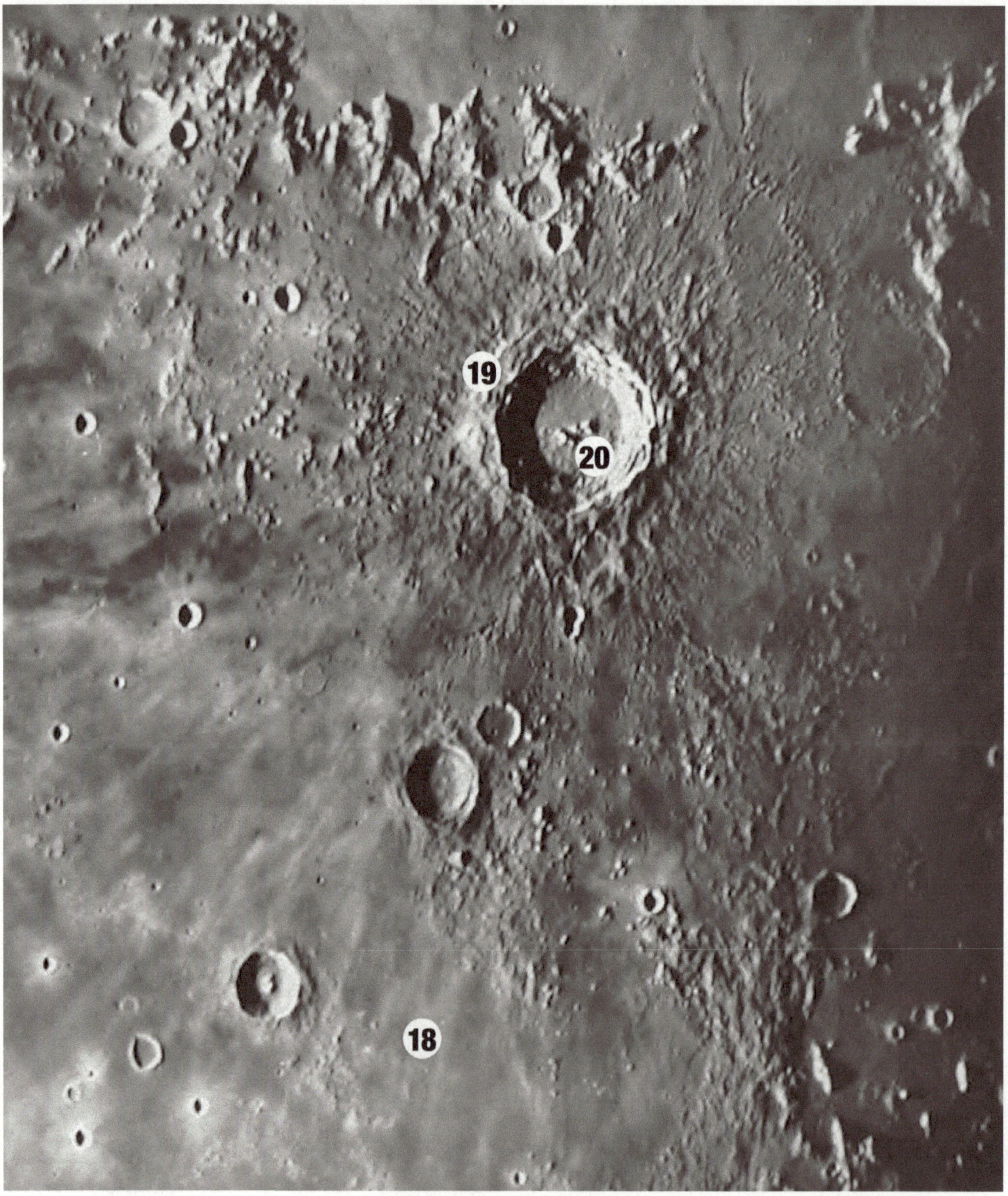

 ## 표토 만들어보기

달 표면에 흩어진 진한 회색 모래로, 운석들이 달과 충돌하여 생긴 가루층을 표토라고 한다. 표면이 오래될수록 표토층이 두꺼워진다.
달의 바다의 표토는 불과 2m 두께인 반면, 오래된 달의 고지대는 약 20m 두께이다.
이에 비해 지구의 표토는 물이나 식물, 바람 등에 의해 풍화가 되어 이동한다.
이 활동은 지구의 표토가 어떻게 형성되고 퇴적되는지 알아보며 또한 달의 표토는 어떻게 형성되는지 알게 하는 활동이다.

 학습목표

지구와 달의 표토를 비교하고 달의 표토를 만들어 볼 수 있다.

 해당학년 : 4~6학년　　 **소요시간 :** 60분

 이것이 필요해요

구운 식빵(하얀색, 그 외 색깔), 쟁반, 사포, 자, 모래를 묻힌 얼음, 적당한 크기의 암석

 이렇게 준비해요

음식을 활용한 실험이므로 실험이 끝난 후 학생들이 먹을 수 있게 하려면 모두 식용 가능한 재료로 바꿀 수 있다. 두 번째 실험에서는 모래와 물을 한꺼번에 얼려 사용한다. 세 번째 실험에서는 두 빵의 색깔이 달라야 하며, 과자들로 대체할 수 있다. 통밀빵일 경우 충분히 부서지지 않을 수도 있으므로 유의한다.

 핵심단어

표토 : 지표면을 이루고 있는 토양
풍화 : 물지표 부근의 암석이나 토양이 바람 등의 요인에 의하여 변하는 과정
침식 : 바람, 흐르는 물, 얼음 등의 움직이는 물체에 의하여 지표(토양, 바위, 침전물)가 깎임으로써 입자가 떨어지거나 이동하는 현상

 활동 내용

1 미리 준비하기
- 학생들을 3~4명으로 팀을 짜서 나눈다.
- 각 팀마다 준비한 재료들을 나누어 준다.

2 도전과제 실험하기
- 표토의 정의를 토론한다.
  - 표토란 무엇인지 전 차시에서 학습한 뒤이므로 그 정의를 팀끼리 다시 상기시켜 발표하도록 한다.
- 지구와 달의 표토를 비교한다.
  - 지구와 달에서 표토가 형성된 방식을 서로 비교해보고 공통점과 차이점을 토론하게 한다. 또한 어떤 방법으로 실험해 볼 것인지 예상하게 한다.
- 달 표면을 예상한다.
  - 달 표면이 암석일지, 먼지일지, 아니면 큰 바위일지 추측하도록 한 다음 팀에서 같이 토론한다. 모아진 의견들을 발표하도록 한다.
- 달 표면 사진을 보여준다.
  - 우주 비행사 발자국 사진을 보여주며 학생들의 예상을 바꿀 수 있게 기회를 준다.

3 결과 토의하기
- 실험을 한 후 전체 수업에서 다른 팀의 표토 형성을 비교하도록 한다. 각 팀에서 원래 예상했던 내용과 비교하여 결과를 발표한다.

 지도상 유의점

- 첫 번째 실험에서 사포가 없을 경우 자의 모서리를 이용하여 실험할 수도 있다.
- 두 번째 실험은 개수대에서 얼음 실험을 하도록 주의해야 한다.
  또 수도 꼭지로 물을 떨어뜨리는 대신에 비커 안의 물을 흘려보내도록 한다.
- 세 번째 실험은 바깥에서 하는 것이 더 좋다. 암석은 허리 높이에서 떨어뜨린다.
  때로는 떨어지는 충격으로 받침이 튈 수 있으므로 바닥에 고정시킬 필요가 있다.
  또한 학생들은 안전하게 뒤로 물러나서 관찰하도록 한다.

# 표토 만들어보기

학년   반
이름

지구와 달의 표토를 비교하고 만들어 봅시다.
지구의 표토와 달의 표토는 같지 않습니다. 그 이유는 무엇 때문일까요?
지구의 표토와 달의 표토를 만들어 보고 달의 표토가 어떻게 형성되는지 알아봅시다.

 ## 이것이 필요해요

구운 식빵(하얀색, 그 외 색깔), 쟁반, 사포, 자, 모래를 묻힌 얼음, 적당한 크기의 암석

 ## 핵심단어

표토 : 지표면을 이루고 있는 ☐
☐ : 지표 부근의 암석이나 토양이 여러 요인에 의하여 변하는 과정
침식 : 바람, 흐르는 물, 얼음 등의 움직이는 물체에 의하여 지표(토양, 바위, 침전물)가
　　　깎임으로써 입자가 떨어지거나 ☐ 하는 현상

1. 지구의 표토 - 바람은 표토에 어떤 영향이 있나요?

 ### 생각해요

① 바람이 지구의 표토에 어떤 영향을 미치는지 알아보는 실험입니다.
　　구운 식빵 조각이 지구에 있는 암석이라고 하면, 손으로 비비는 것은 무엇일까요?

② 사포로 문지르는 것은 손으로 문지르는 것과 어떤 차이가 있을까요?

③ 암석이 표토로 되는 요인 중 바람 이외에 무엇이 있을까요?

활동순서

① 풍선을 불어 짧은 끈으로 풍선 끝 부분을 묶는다.
② 구멍에 끈을 관통시켜 그 안으로 풍선 끝 부분을 잡아당긴다.
③ 끈을 넉넉히 당겨 틀 상단에 테이프로 붙인다.
④ 바닥에 베개나 방석을 놓아둔다.
⑤ 베개나 방석 위 어깨 높이에서 틀을 잡고 떨어뜨린다.

활동 결과

① 두 실험의 결과가 어떻게 다른가요?

② 이 실험은 지구의 표토가 만들어지는 과정과 어떤 관계가 있나요?

2. 지구의 표토 - 물은 표토에 어떤 영향이 있나요?

생각해요

① 모래가 섞인 얼음을 무엇이라고 가정하는 것입니까?

② 물이 표토에 영향을 주는 원인이라면 모래가 섞인 얼음에 어떤 실험을 해야 할까요?

활동순서

① 모래가 섞인 얼음을 수도꼭지 아래 쟁반에 놓습니다.
② 수도꼭지에서 물이 중간 정도로 흐르게 합니다.
③ 얼음에 일어나는 현상을 관찰합니다.

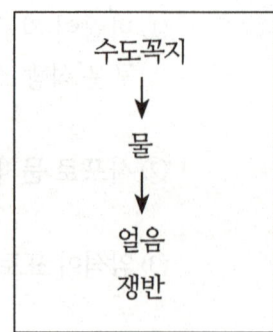

활동 결과

① 모래가 섞인 얼음에 어떤 현상이 일어납니까?

② 얼음에서 나온 모래들은 어떻게 되었나요?

③ 물은 지구의 표토를 만드는데 어떤 역할을 할까요?

3. 달의 표토 만들어보기

 생각해요

① 달의 표토는 지구에서처럼 그렇게 생기는 걸까요? 그 이유는 무엇인가요?

② 달의 표토를 만들려면 바람과 물이 아닌 어떤 요인을 생각해야 할까요?

 활동순서

① 쟁반에 구운 식빵 중 색깔이 있는 빵 3장 위에 하얀 식빵 2조각을 올립니다.
② 빵으로 만들어진 층 위에 암석을 두 번 떨어뜨리고 어떻게 변했는지 빵의 두께를 재면서 관찰합니다.
③ 암석을 20회 정도 떨어뜨린 후 두께를 재고 변화를 관찰합니다.

 **활동 결과**

① 빵의 표면에 어떤 변화가 생겼습니까? 그 이유는 무엇입니까?

② 2번 충돌한 것과 20번 충돌한 것의 두께 차이는 얼마입니까?

③ 운석이 달에 충돌하면 어떻게 달의 표토가 되는지 그 과정을 쓰시오.

크레이터는 왜 생길까요?

달에서 볼 수 있는 가장 큰 특징은 운석이 달의 표면과 부딪혀 생긴 크레이터이다. 이러한 크레이터는 지구에서도 볼 수 있는데 이 흔적은 왜 생기는지 이 활동을 통해 실험해보도록 한다.

학습목표

달에 있는 크레이터가 어떻게 생기는지 그 원인을 알 수 있다.

해당학년 : 5 ~ 6학년   **소요시간 :** 60분

이것이 필요해요

밀가루(또는 베이킹 소다 또는 옥수수가루 또는 모래와 옥수수 전분 혼합물 아니면 고운 모래), 받침, 체, 저울, 구슬, 자, 각도기 등

이렇게 준비해요

재료 중 가루들은 달 표면을 만드는 것들이다. 밀가루, 베이킹 소다는 잘 보관하면 다시 사용가능하나 옥수수가루, 모래와 옥수수 전분 혼합물은 사용 후 냉동실에만 보관해야 한다.
실험을 할 받침은 깊이가 8cm 이상 되는 것으로 깨지기 쉬운 유리는 사용하지 않는다. 또한 받침이 클수록 실험결과가 더 정확하게 나온다.

활동 내용

- 달의 사진을 학생들에게 제시하고 크레이터를 관찰하게 한다. 크레이터가 어떻게 형성되었을지 의견을 묻고 발표하게 한다.
- 실험하기 전에 미리 구슬을 떨어뜨리는 연습을 하게 한다.
- 실험 장치를 설치하고 구슬을 떨어뜨린 후 결과를 기록한다.
- 높이를 다르게 하여 실험하고 그 외의 높이는 예상하게 한다.

심화학습

- 구슬을 떨어뜨리는 것 대신에 새총 같은 도구를 이용하여 더 충격을 세게 준다.
- 충돌하는 물체의 각도를 바꿔보고 어떻게 달라지는지 관찰한다.
- 밀가루 중앙에 구멍이 있는 과녁을 종이에 그려 놓고 실험하면 충돌할 때 만들어지는 사선을 볼 수 있다.
- 가루로 된 재료 대신 회반죽이나 젖은 모래를 사용하여도 된다.

지도상 유의점

- 실험하면서 충돌시 가루 물질들이 바닥에 떨어질 수 있으므로 받침 아래 신문지를 깔아 놓는다.
- 교실 뿐 아니라 야외의 적당한 장소에서도 실험할 수 있다.
- 구슬을 떨어뜨리기 전에 미리 '달의 표면'을 매끄럽게 한다.
- 실제로 달과 충돌하는 물체의 속도는 훨씬 빠르기 때문에 구슬을 떨어뜨리는 정도로 우리가 봤던 크레이터 지형이 생기지 않을 수도 있다.
- 낙하 높이가 높을수록 구슬이 떨어지는 속도가 커지므로 크레이터는 더 커지고 분출물은 더 멀리 퍼진다.

 달 이야기

아리스타르코스

아리스타르코스 크레이터는 비의 바다 서부에 위치한 달의 충돌 크레이터로 직경이 42km이다.

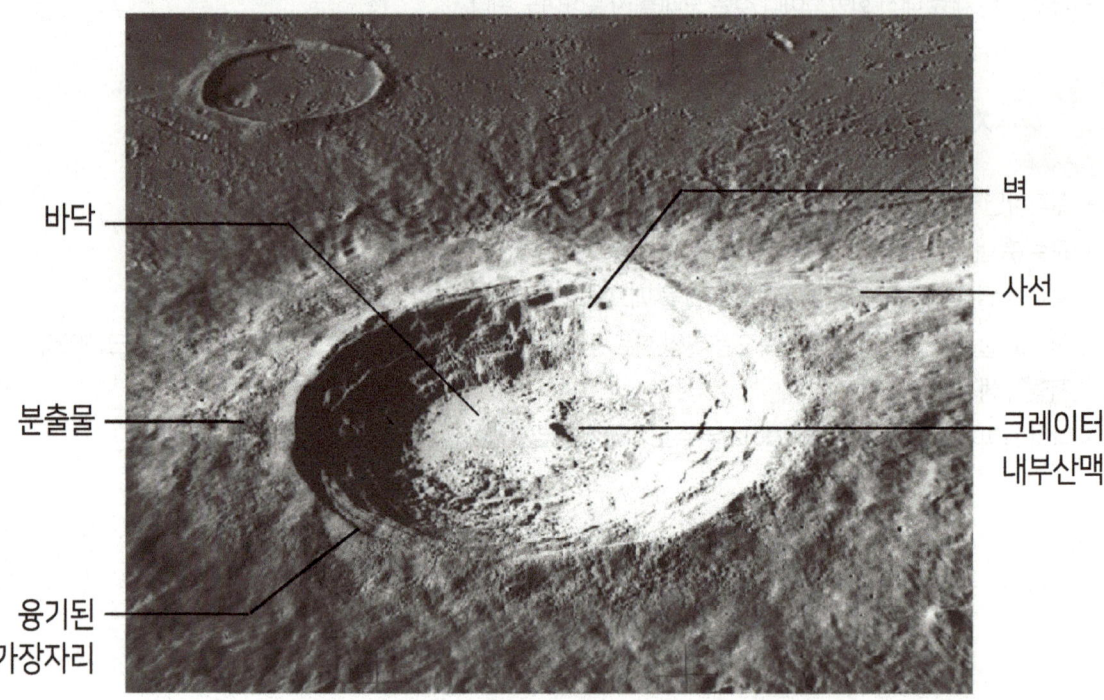

융기된 가장자리	충돌할 때 폭발하면서 표면이 파이면서 생긴 크레이터 가장자리에 고리모양으로 쌓인 것
바닥	크레이터에서 다른 부분보다 낮으며 둥그런 모양
크레이터 내부 산맥	충돌할 때 크레이터 중앙에 생긴 산
크레이터 계단 벽	경사가 급하고 거대한 계단이 있다
분출물	충돌할 때 표면에서 파여진 크레이터 주변의 물질. 크레이터에서 멀어질수록 얇아진다.
사선	크레이터에서 시작하여 먼 곳까지 뻗어나간 밝은색 줄무늬

크레이터는 왜 생길까?

학년　반　이름

달에 있는 크레이터가 왜 생기는지 알아봅시다.

달에 움푹 파인 크레이터는 어떻게 생겼을까요?
그 원인을 찾아 달의 표면을 만들고 충돌하는 물체를 정하여 실험해 봅시다.

도전 과제

이것이 필요해요

밀가루(베이킹 소다 또는 옥수수가루 또는 모래와 옥수수 전분 혼합물 아니면 고운 모래), 받침, 체, 저울, 구슬, 자, 각도기 등

생각해요

① 달의 사진을 보고 크레이터가 어떻게 만들어졌다고 생각합니까?

② 크레이터나 분출물의 흔적을 더 크고 많이 만들려면 어떻게 해야 할까요?

활동순서

① 받침에 2.5cm 정도로 가루들을 채웁니다. 표면을 매끄럽게 하고 같은 높이로 맞춥니다.
② 떨어지는 물체로 정한 구슬의 질량을 측정합니다.
③ 30cm 높이에서 구슬을 떨어뜨리고 바닥에 생긴 크레이터의 지름과 깊이를 측정합니다.
④ 크레이터 주변에 분출물이나 사선이 있는지 확인하고 측정합니다.
⑤ 크레이터를 자세히 보고 처음과 어떻게 다른지 비교합니다.
⑥ 같은 높이에서 3회 정도 실시하여 평균값을 구합니다.
⑦ 낙하 높이를 60cm, 90cm, 2m로 높여 같은 과정을 반복합니다.
⑧ 결과를 기록하고 비교합니다.

 **활동 결과**

① 이 실험 결과를 보았을 때, 크레이터나 분출물을 크게 만드는 원인으로 처음 생각한 것이 맞았나요?

② 크레이터 크기와 떨어뜨린 높이는 어떤 관계인가요?

③ 사선의 길이와 떨어뜨린 높이는 어떤 관계인가요?

④ 구슬을 6m 높이에서 낙하하면 크레이터가 더 커질까요, 작아질까요?

⑤ 충돌로 인한 크레이터를 자세히 설명해 봅시다.

2. 달 탐사

⭐1 단원 소개

본 단원은 아폴로 우주선과 달에서의 탐사에 대한 내용이다. 최초로 유인탐사에 성공한 아폴로 우주선에 대한 읽기 자료가 있고, 2~6차시는 달 탐사장비에 관한 내용이다. 우주선 발사와 착륙, 월면차, 화물 투하 및 적재에 관련된 주제를 주위에서 쉽게 구할 수 있는 재료를 사용하여 제작하고 실험해 보도록 한다.

⭐2 주제 안내

순	주 제	대상학년	소요시간
1	달 탐사선 아폴로	5~6학년	40분
2	과녁 맞히기	3~6학년	60분
3	사뿐히 내려앉아요	4~6학년	60분
4	월면차로 달 둘러보기	5~6학년	80분
5	계란 무사히 내려놓기	5~6학년	60분
6	물건을 들어올려요	6학년	60분

⭐3 지도상 유의점

지구에서 최초로 발사되어 달에 착륙한 우주선이 아폴로 탐사선은 아니다. 그러나 달에 처음으로 인간이 갈 수 있었던 아폴로 우주선은 인류에게 아주 큰 의미가 있으므로 그 차이점을 확실히 알려주도록 한다.

탐사 장비 제작활동은 학생들이 직접 설계하고 실험하기 때문에 저학년에게는 어려울 수 있다. 학년 수준에 맞게 장비의 기능은 하지 않더라도 외부 모양만이라도 목적에 맞는 장비가 되도록 한다.

 달 탐사

⭐4 배경 지식

 NASA의 달 기지 구축

한 번에 몇 개월 동안 달에서 머물 수 있을까? NASA는 다음과 같은 목적을 세우고 수차례 로봇 탐사선을 보내 준비할 예정이다.

* 착륙하기에 가장 좋은 지점을 찾는다. 궤도를 도는 우주선은 달 표면의 영상과 지도를 만들어 급경사, 험한 지형, 기타 장애물과 같은 위험 요소를 확인한다.
* 온도, 채광, 먼지 및 방사능 수치를 측정한다. NASA는 이러한 정보를 바탕으로 달에서 제대로 작동하고 안전을 보장할 수 있는 재료와 장비를 설계한다.
* 광물과 얼음 등의 자원을 찾는다. 지구에서 물건을 실어 나르는 일은 비용이 무척 많이 소요되는데, 무려 1kg을 옮기는데 드는 비용이 우리 돈으로 7천만 원에 이른다. 이 때문에 우주 비행사들은 필요한 재료를 가능한 한, 달에서 직접 만들어 사용해야 한다.

NASA는 달 탐사 계획을 세우면서 두 가지 임무를 세워 놓고 있다.
그 첫 단계가 달의 운석구덩이를 관찰하는 우주선과 연락선을 띄우는 것이다. 이 우주선을 LCROSS(Lunar Crater Observation and Sensing Satellite)이라 한다. 이를 간단히 달 탐사선이라 부른다.

NASA는 우주 비행사들을 달에서 6개월 이상 머물 수 있는 달 기지의 구축을 계획하고 있다.

달 탐사 궤도선(LRO)

LRO는 1년에 한 번 이상 달 주위를 돌도록 만든 무인 우주선이다. 주 목적은 달에 안전하게 착륙할 수 있는 한 지점을 탐색하고 방사능의 세기를 조사하며 달의 지하자원을 탐사하는 일 등이다. 탐사선은 다음과 같은 장비를 사용해 달의 특성과 자원을 광범위하게 수집한다.

* 우주 망원경 : 방사선이 생물에 미치는 영향을 조사한다.
* 달 방사선 탐지기(Diviner Lunar Radiometer) : 지표 및 지표 아래의 온도, 암석, 험한 지형 등 착륙 위험 요소 등에 관한 상세한 정보를 제공한다.
* 라이먼 알파 복사선에 의한 지도 제작(Lyman Alpha Mapper) : 달 표면 지도를 만들고, 달의 지표에서 얼음 및 서리를 찾는다. 그리고 깊은 크레이터의 깊은 바닥과 같이 거의 햇빛이 들지 않는 지역의 영상을 만든다.
* 중성자 탐지기 : 물과 얼음의 존재를 알아낼 수 있는 수소의 분포를 지도로 만든다. 또한 달 표면의 방사선 수치에 관한 정보를 알려준다.
* 레이저 고도계 : 경사면의 경사도, 지표의 울퉁불퉁한 상태를 측정하여 달의 고해상도로 된 삼차원(3D) 지도를 만든다.
* 카메라 : 상세하게 달 표면을 사진으로 촬영하며 1m 크기의 소형 물체까지 식별할 수 있다.
* 무선 주파수 표시기(Radio Frequency Demonstration) : 달 지표 아래에 있을 것이라 추정하는 얼음 층을 탐지한다.

NASA는 달 탐사 계획을 세우면서 두 가지 임무를 세워 놓고 있다.
그 첫 단계가 달의 운석구덩이를 관찰하는 우주선과 연락선을 띄우는 것이다. 이 우주선을 LCROSS(Lunar Crater Observation and Sensing Satellite)이라 한다. 이를 간단히 달 탐사선이라 부른다.

LCROSS(Lunar Crater Observation and Sensing Satellite)

탐사선(LCROSS)은 달에서 얼음을 찾는 특별한 임무를 수행한다. 우주 비행사들이 장시간 달에 머물 수 있으려면 반드시 물을 찾아야 한다. 우주 비행사에게는 마실 물이 필요할 뿐만 아니라, 식물이 자라는 데에도 물이 필요하다. 물은 또한 분해되어 산소와 수소를 만들 수 있는데, 각각 호흡할 때와 지구로 귀환할 때 연료로 사용할 수 있

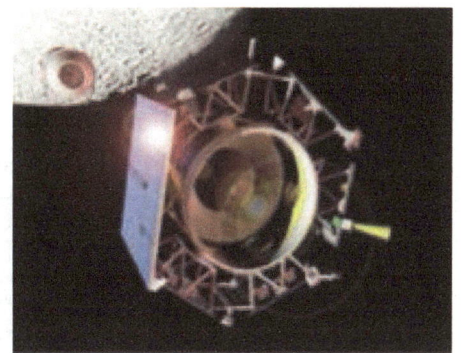

다. 물은 무겁기 때문에 지구에서 물을 실어 나른다면 엄청난 비용이 들 것이다.
탐사선(LCROSS)은 계속 달에서 물을 찾고 있다. 햇빛이 거의 비치지 않는 달의 북극과 남극 근처 크레이터에는 오래된 얼음이 존재할 수 있을 것이라는 이론이 있는데 이를 증명할 수 있을 것이다.

이 깊은 크레이터 바닥에는 햇빛이 들지 않기 때문에 어두우면서 온도가 낮아 옛날에 존재했던 얼음 층을 보존할 수 있는 완벽한 조건을 갖추었다. 앞으로 달 남극 인근 크레이터에 물체를 충돌시킬 계획이다. 이 충격으로 크레이터 바닥에 두 개의 깊은 구멍이 생기고 먼지 및 가스 기둥이 10km 높이로 치솟을 것이다.

이 때 달 탐사 궤도선, 허블 우주 망원경 및 지구의 여러 장비들이 이러한 현상을 분석해 물(얼음 및 수증기), 탄소 화합물, 물을 함유한 광물의 존재를 확인하게 된다.

달 탐사선 아폴로

처음으로 지구가 아닌 다른 천체에 인간이 발을 내딛었던 아폴로 우주선에 관한 이야기를 한다. 아폴로 프로젝트에 관한 전후 이야기와 그 때 밝혀졌던 과학적인 사실들을 알게 하는 활동이다.

학습목표

이야기를 읽고 달에 관한 호기심을 해결할 수 있다.

해당학년 : 5~6학년   **소요시간** : 40분

아폴로 프로젝트

구소련의 우주선 루나 2호가 1959년 최초로 달에 착륙했다. 달은 인간이 방문한 유일한 외계 행성이다. 인간이 최초로 달에 착륙한 것은 1969년 7월 20일이었고, 마지막으로 착륙한 것은 1972년 12월이었다. 달은 실제 표본을 가지고 돌아온 유일한 행성이다. 달에 대해 인간은 어떠한 소망을 가지고 있었는지 자세히 살펴보자.

구소련은 1957년 10월 최초로 인공위성을 지구 궤도에 쏘아 올렸다. 또한 1961년 4월 12일에 최초로 지구 궤도에 인간을 올려 보냈다. 그에 비해 구소련과 냉전 관계였던 미국은 1961년 5월 5일, 우주 비행사 앨런 셰퍼드가 궤도에는 오르지 못하고 비행을 짧게 했을 뿐이었다. 그 때 당시 케네디 대통령은 국민들을 단합시키고 세계의 관심을 받기 위해 인간을 태운 달 여행을 하겠다고 계획하였다.

미국항공우주국 NASA는 머큐리 계획과 제미니 계획으로 우주 유영(우주 비행사가 우주선 바깥에서 임무수행), 우주선의 랑데부(2개의 우주선이 같은 궤도로 우주 공간에서 만나 서로 나란히 비행하는 것)와 도킹(우주선이 우주 공간에서 다른 비행물체에 접근하여 결합하는 것)을 하게 된다. 또 레인저 계획에서는 최초로 달을 가까이에서 촬영하였고, 서베이어 계획에서는 달 표면의 사진을 찍었으며 달 흙은 어떤 성분으로 이루어졌는지 알아내었다. 루나 오비터라는 무인 달 탐사선을 보내어 달의 표면 가까이에서 돌며 아폴로 우주선들이 착륙하기 좋은 지점을 찾기도 하였다.

드디어 1967년 1월, 준비했던 아폴로 프로젝트를 시작하게 되었으나 아폴로 1호를 시험하던 중 사고가 났다. 그 때 우주선에 탑승하고 있던 우주 비행사 거스 그리섬, 에드워드 화이트, 로저 채피 등 3명이 사망하였다.

이 사고로 아폴로 프로젝트를 연기하고 다시 설계하여 1968년 10월부터 아폴로 7호~10호를 시험하였다.

그 사이, 구소련도 달을 향한 계획을 계속하고 있었다. 그러다가 1969년 7월 21일에 루나 15호 우주선을 쏘아 달의 흙 표본을 가지고 돌아오려 했으나 달의 표면에 충돌하면서 실패로 돌아갔다.

1969년 7월 20일에 아폴로 11호는 달에 착륙해 24일에 돌아옴으로써 인류 최초로 달 착륙이 이루어졌다. 이후 우주선의 산소탱크 폭발로 달 착륙을 포기한 아폴로 13호를 제외하고, 아폴로 12호와 아폴로 14~17호는 성공적으로 임무를 마쳤다. 1972년 12월 아폴로 17호의 임무를 마지막으로 지금까지 달 표면을 걸어 다닌 사람은 없다.

과학적 발견 10가지

1. 달은 태양계 행성들과 동시에 만들어지지 않았으며 지구와 비슷한 내부구조를 가진 지구형 천체이다.

아폴로 우주선이 탐사하기 전까지는 달에 대한 갖가지 상상과 추측이 난무했다. 하지만 아폴로 11호가 달에 착륙한 뒤 달은 화산 폭발이 일어나고 많은 운석이 충돌하며 암석으로 이루어졌다는 것이 밝혀졌다.

지구의 내부구조는 지각, 맨틀, 핵으로 이루어져 있다. 달은 지각, 암석권, 액체 상태인 연약권, 철로 된 작은 핵이 있을 가능성이 있다.

2. 달은 태양계 행성들의 생성 초기모습을 간직하고 있다.

아폴로탐사 전에는 달 표면에 있는 충돌 크레이터가 어떻게 생겼는지 알 수 없었고, 또한 지구에 있는 유사한 크레이터도 과학자들이 그 원인을 알아낼 수 없는 것이었다.

그러나 달 탐사 이후 달 표면에 수없이 많은 운석 충돌 크레이터를 보고 수성과 금성, 화성이 어떻게 진화했는지를 밝혀낼 수 있었다. 실제로 달 탐사 경험으로부터 다른 행성이 어떻게 생겼는지를 알아내었다.

3. 달에서 가장 최근에 만들어진 암석이라도, 지구의 가장 오래된 암석과 나이가 비슷하다. 지구와 달이 만들어졌던 때에 일어났던 현상들을 지금도 달 표면에서 확인할 수 있다.

달 암석의 나이는 어둡고 낮은 지역(달의 바다)의 경우 32억년 정도이고, 밝고 높은 바위지역(달의 고지대)은 46억년 정도이다.

지구에서는 지각이 운동하고 깎이는 등 활발한 활동으로 지표면이 크게 변했지만 달 표면은 거의 변화 없이 유지되고 있다.

4. 달과 지구는 같은 물질로 이루어졌지만 그 물질들이 얼마나 차지하는지는 다르다.

달의 암석 속에서 지구 암석과 비슷한 비율의 물질이 나왔다면 달과 지구가 같이 만들어졌을 것이다. 그러나 달의 암석에는 지구 암석에 비해 대기 및 물의 형성에 필요한 물질, 철 등이 매우 적다.

5. 달에는 생명체, 화석 등이 없다.
달에서 채집한 암석 등에 대한 조사결과, 현재는 물론 과거에도 생명체가 존재했다는 어떤 증거도 발견되지 않았다.

6. 달의 모든 암석은 매우 높은 온도를 거쳐 만들어 졌던 것이며 물이 있었던 흔적은 전혀 없다.
달의 암석은 크게 현무암, 사장암, 각력암으로 분류된다.
현무암은 검은 색으로 용암이 굳어서 된 것이며 `달의 바다'로 불리는 지역에 있다. 달의 현무암은 지구의 바다 밑 지각을 이루는 용암과 비슷하지만 지구 것 보다는 훨씬 오래됐다.
사장암은 현무암지대보다 훨씬 오래되고 색이 밝으며 '달의 고지대'를 이룬다. 이 역시 지구에 있는 사장암보다 훨씬 오래전에 형성된 것이다.
각력암은 운석이 충돌할 때 다른 암석들이 부서지고 섞여서 만들어진 암석이다.
그러나 물에 의해 생기는 다른 암석들은 지구에 많이 있는데 비해 달에는 없다는 것이 밝혀졌다.

7. 달이 만들어지던 때에 마그마가 상당히 깊은 곳까지 녹아 마그마의 바다를 이루었다.
고지대에는 마그마의 바다 위에 떠있던 가벼운 암석이 많이 남아 있다.
달의 고지대가 형성된 것은 44~46억년 정도 전이다. 마그마는 수십km 깊이까지 녹아내렸는데 그 마그마 바다 위에 떠 있던 물질이 굳어서 생긴 것이 고지대이다.

8. 많은 소행성들이 달의 마그마 바다에 충돌해 크레이터가 만들어졌고, 이 크레이터는 화산 활동으로 인한 용암으로 채워져 달의 바다가 됐다.
달이 만들어지던 시기에 소행성이나 운석이 충돌하여 크레이터가 만들어졌고 그 크레이터에 용암이 채워져 `비의 바다(Mare Imbrium)' 같은 어둡고 거대한 크레이터가 만들어졌다.

9. 달은 완전한 구모양이 아니라 좌우의 모양이 다르며 이는 지구의 중력이 달에 영향을 미쳤기 때문으로 생각된다.
달을 이루고 있는 부분들은 질량이 똑같지 않다. 넓은 분지지역의 아랫부분이 다른 곳이 비해 상당히 무겁다. 이는 질량이 큰 용암이 두껍게 쌓여있음을 나타내는 것이다.
달의 중심은 구의 중심보다 지구 쪽으로 수km 정도 치우쳐져 있다. 이는 달이 형성될 때 지구의 중력으로 달을 잡아당겨 달이 지구 쪽으로 쏠렸기 때문인 것으로 여겨진다.

10. 달의 표면은 암석 조각들과 먼지로 뒤덮여 있다. `달의 표토'로 불리는 이들 물질에는 태양이 내뿜은 방사선의 흔적이 그대로 남아 있다. 이는 지구의 기후변화를 이해하는데 매우 중요하다.
달의 표토는 달에 충돌한 수많은 운석에 의해 만들어졌다. 이들 암석에는 태양 방사선에 의해 만들어진 물질들이 많이 들어있다. 달에는 태양의 40억년 역사가 그대로 기록돼 있는 것이다.

 달 탐사

달 탐사선 아폴로

학년   반
이름

1. 아폴로 프로젝트에 대한 이야기를 읽고 새롭게 알게 된 사실은 무엇인가요?

2. 지금 다시 우주 비행사들이 달에 가는 것에 대해 어떻게 생각하나요?

3. 평소에 생각했던 달에 관한 사실들과, 이야기를 읽고 난 후 알게 된 사실들에는 어떤 차이가 있습니까?

4. 만일 학생들이 우주선을 만들고 다른 행성들을 조사할 계획이 있다면 어떤 임무를 담당하고 싶나요?

과녁 맞히기!

멀리 떨어져 있는 물체를 맞힐 수 있는 빨대 로켓을 만든다. 먼저 빨대로 로켓을 설계, 제작하고 풍선을 이용하여 발사한다. 이 결과에 따라 로켓의 문제점을 찾아서 해결하고 과녁을 일정하게 계속 맞힐 수 있도록 한다.

학습목표
빨대 로켓을 만들어 멀리 떨어진 물체를 정확하게 맞힐 수 있다.

 해당학년 : 3~6학년    **소요시간 :** 60분

이것이 필요해요
풍선, 점토, 종이, 굵은 빨대 1개, 가는 빨대 1개, 과녁, 가위, 테이프 등

이렇게 준비해요
굵은 빨대 안에 가는 빨대가 쉽게 드나들 수 있는 굵기로 준비한다.
과녁은 상자 뚜껑이나 두꺼운 종이에 점수판을 그린다.

핵심단어
과녁 : 활이나 총 따위를 쏠 때 표적으로 만들어 놓은 물건. 어떤 일의 목표물
탄두 : 포탄이나 미사일, 우주선 따위의 머리 부분. 용도에 따라 폭약이나 인공위성 따위를 넣을 수 있다.
동체 : 물체의 중심을 이루는 부분. 항공기의 날개와 꼬리를 제외한 중심 부분

 달 탐사

 **활동 내용**

1 미리 준비하기
- 활동에 필요한 알맞은 재료를 준비한다.
- 학생들에게 보여줄 로켓과 발사대를 미리 만든다.

2 도전과제 소개하기
- 우주 비행사와 장비를 달에 실어 나르는 로켓의 역할을 설명한다.
  - 로켓은 물체를 우주로 올려 보내는 거대한 엔진이라고 할 수 있다. 때로는 우주 비행사를 우주로 보내기도 하고, 우주 왕복선, 인공위성이나 그 외에 필요한 우주 장비를 운반하기도 한다. 이번 활동에서는 공기의 힘을 이용한 로켓을 만들어 과녁을 맞힌다.
- 학생들에게 미리 만들어 둔 로켓과 발사대를 보여주고, 주요 부분의 이름을 확인한다.
  - 로켓의 가운데 기둥 부분을 동체라고 한다.
    동체 아래쪽 끝에 날개처럼 생긴 얇은 판을 붙이는데 이를 수직 안전판이라고 한다.
    동체 위에 있는 작은 캡슐은 탄두이다.
    탄두는 우주 비행사가 앉거나 우주로 보내는 인공위성, 장비를 싣는 곳이다.

3 도전과제 설계하기
- 로켓을 만들 때 바꿀 수 있는 부분은 무엇인가?
  - 빨대 길이, 탄두의 무게와 모양, 수직 안전판의 개수와 위치, 풍선 안에 있는 공기의 양, 공기를 내보내는 방법 등
- 빨대 로켓의 탄두 부분에 무게를 더하거나 수직 안전판을 붙이면 로켓에 어떤 변화가 생길까?
  - 빨대 로켓의 탄두에 무게를 더하거나 수직 안전판을 붙이면 좀 더 일직선으로 날 것이다.
- 빨대 로켓을 발사할 때 발사 각도가 로켓의 비행에 영향을 줄까?
  - 로켓을 수직으로 쏘아 올리면 높이 날아오르지만 멀리 가지 못한다.
  - 수평으로 쏘면 빠르게 바닥에 떨어진다.

4 실험하고 재설계하기
- 가는 빨대에 굵은 빨대가 붙어 있는 경우, 학생들이 빨대를 입으로 불어 젖어 있을 수 있다.
  이런 경우 빨대를 닦고 풍선의 공기가 충분한지 확인한다.
- 빨대 로켓의 방향이 바뀌는 경우, 수직 안전판을 로켓의 뒷부분이나 중간 부분에 더 붙인다.
- 탄두 쪽이 아닌 옆 부분으로 착륙할 경우 탄두 쪽의 무게를 조금 더 늘린다.
- 멀리 날아가지 않는 경우 풍선에 공기를 더 주입하고 빨대의 무게를 줄인다.
  발사 각도를 바꾸어 보거나 빨대 로켓의 길이를 바꾼다. 길이가 길수록 공기의 추진력도 더 커져서 빨대를 더 오랫동안 밀어주기 때문이다. 이렇게 되면 속도도 더 빨라지고 더 멀리 날아간다.

5 결과 토의하기

- 과녁을 맞히는 데 도움이 되었던 내 설계의 특징은 무엇인가?
  - 로켓의 무게, 발사 각도, 수직으로 날 수 있는 능력, 풍선의 압력 등이었다.
- 시험 발사 후에 로켓과 발사대를 어떻게 변경 하였는가?
- 발사 각도가 로켓이 나는데 어떤 영향을 주었는가?
  - 발사 각도가 수직에 가까우면 공중으로 높이 솟아오르지만 수평 방향으로 멀리 나아가지는 못한다.
  - 발사 각도가 수평에 가까우면 멀리 날아가긴 하지만 높이 오르지는 못한다.
- 읽을 거리를 읽고 로켓 여행에 대해 어떤 생각을 가지게 되었는가?
  - 로켓이 아주 먼 거리를 날 수 있고 비행 속도가 매우 빠르며 움직이는 데 힘이 많이 든다는 것을 알게 되었다.

심화학습

- 멀리 나가기 시합을 한다. 풍선을 불 때 한 번만 불게 한 뒤 누가 제일 멀리 나가는지 시합한다. 그 다음 3번 불어넣기, 5번, 7번, 이런 식으로 하되 발사 각도를 일정하게 하여 시합한다.
- 두꺼운 종이를 이용하여 발사대를 30°, 45°, 60°, 90° 등 여러 각도에서 만들어 발사하게 한다.

지도상 유의점

- 위치 에너지 및 운동 에너지 : 풍선을 불면 고무가 늘어나는데 이 때 고무가 위치 에너지를 저장한다. 풍선 안의 압축 공기가 나오면서 위치 에너지는 운동 에너지로 전환되어 로켓이 움직이게 된다.
- 움직이는 물체의 거리와 각도 관계 : 로켓을 여러 각도에서 발사함으로써 발사 거리와 비행 경로의 모양이 변한다는 것을 알게 한다.
- 물체의 이동 경로 : 발사된 로켓은 포물선 모양을 그리며 움직인다.
- 측정 : 로켓의 발사 각도와 발사 거리를 측정한다.

 달 탐사

과녁 맞히기!

학년   반
이름

멀리 떨어진 과녁을 맞힐 수 있는 빨대 로켓을 만들어 보자.

달에 가고 싶은가요? 그럼 로켓이 필요하겠지요? 달에 보내는 로켓은 1시간에 29000km의 속도로 날아가지만 달까지는 무려 3일이 걸립니다. 편안히 앉아 긴장을 풀고 멋진 광경을 즐길 수 있도록, 달에 정확히 도착할 수 있는 로켓을 만들어 봅시다.

 이것이 필요해요

풍선, 점토, 종이, 굵은 빨대 1개, 가는 빨대(굵은 빨대 안에 들어갈 수 있는 크기) 1개, 과녁(상자 뚜껑이나 점수판이 그려져 있는 종이), 가위, 테이프 등

핵심단어

과녁 : 활이나 총 따위를 쏠 때 ☐☐☐ 으로 만들어 놓은 물건. 어떤 일의 목표물
탄두 : 포탄이나 미사일, 우주선 따위의 ☐☐☐ 부분
동체 : 물체의 ☐☐☐ 을 이루는 부분. 항공기의 날개와 꼬리를 제외한 중심 부분

생각해요

① 로켓의 길이는 얼마나 될까요?

② 빨대 로켓에 붙인 수직 안전판은 몇 개로 할까요?

③ 빨대 로켓의 탄두 부분을 무겁게 하거나 수직 안전판을 붙이면 로켓이 어떻게 날아갈까요?

④ 빨대 로켓을 발사할 때 각도는 어떻게 해야 과녁을 맞힐 수 있을까요?

활동순서

① 풍선 발사대를 만듭니다. 3.5cm의 빨대를 풍선에 끼워 넣고 테이프로 단단히 감습니다.
② 빨대 로켓을 만듭니다. 로켓으로는 굵은 빨대를 사용합니다. 한쪽 끝은 바람이 나가지 않도록 막고, 점토를 사용하여 끝을 막거나 끝을 접어서 테이프로 접습니다.
③ 로켓을 발사합니다. 가는 빨대로 공기를 불어 넣어 풍선을 붑니다. 가는 빨대의 아래 부분을 손으로 눌러 공기가 빠져나가지 않게 한 뒤 굵은 빨대를 넣습니다. 과녁을 조준한 뒤 발사!

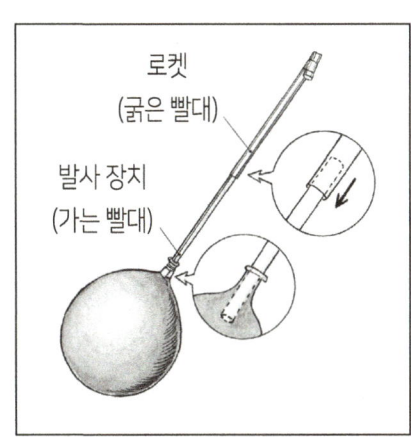

 ### 활동 결과

① 1.5m 앞에 있는 과녁을 맞힐 수 있었습니까?

② 만일 실험에 실패했다면 어떤 점을 바꾸어야 할지 생각해 보세요.

 ### 읽을 거리

달을 향해 떠나기

NASA에서 달을 탐험한 지 25년이 지났습니다. 로켓에 비해 우주선들은 매우 작아서 이들을 합치면 스쿨버스 한 대 크기만 하며, 무게는 중간 정도의 코끼리만 합니다. 그래도 이 우주선들을 우주에 올려 보내는 일은 어렵습니다. 이들을 운반하는 로켓은 연료 약 340,000L를 단 몇 초 동안 연소시킵니다. 말 그대로 "발사!"라고 외치는 그 시간 동안만 로켓이 발사되는 것입니다.

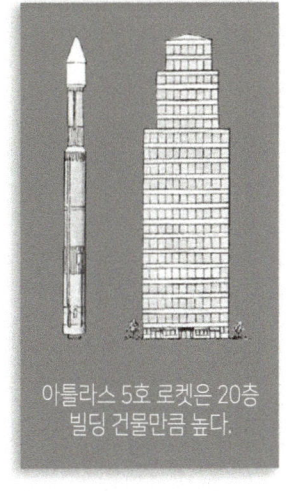

아틀라스 5호 로켓은 20층 빌딩 건물만큼 높다.

달 탐사

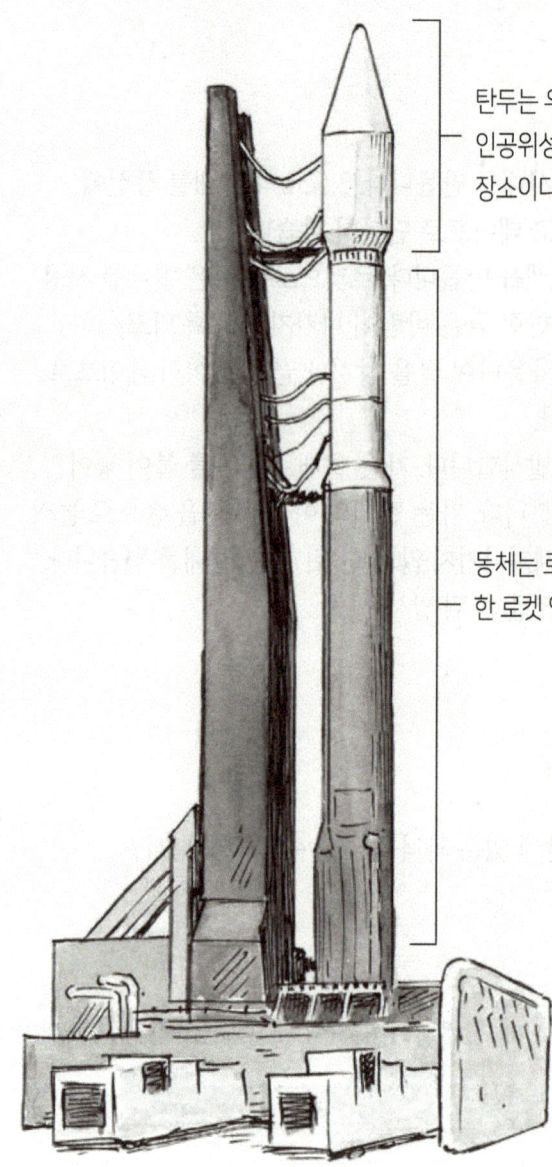

탄두는 우주 비행사가 앉거나 인공위성, 장비를 넣어 두는 장소이다.

동체는 로켓 엔진 윗부분의 거대한 로켓 연료 탱크가 대부분이다.

 ## 사뿐히 내려앉아요!

　우주선이 착륙할 때 우주선 안에 타고 있는 우주 비행사 2명이 무사히 착륙할 수 있도록 충격 흡수 시스템을 설계하고 제작하는 활동이다. 여기에서 학생들은 종이, 빨대, 마시멜로 등의 재료를 사용하여 충격 흡수 시스템을 설계하고 제작한 뒤, 실험 결과를 확인하고 설계 방법을 수정, 보완하게 된다.

 ### 학습목표
착륙할 때 충격을 흡수하여 우주 비행사를 보호할 수 있도록 장치를 만들 수 있다.

 해당학년 : 4~6학년 　　 **소요시간 :** 60분

 ### 이것이 필요해요
하드보드지 10×13㎠ 1장, 작은 종이컵이나 플라스틱 컵 1개, 두꺼운 종이 8×13㎠ 3장, 보통 크기의 마시멜로 2개, 작은 마시멜로 10개, 고무 밴드 3개, 플라스틱 빨대 8개, 가위, 테이프 등

 ### 이렇게 준비해요
충격을 흡수할 수 있는 재료로 마시멜로 대신 솜뭉치, 고무, 발포 비닐 등을 준비할 수도 있다.

 ### 핵심단어
착륙 : 비행기가 우주선이 공중에서 평평한 곳으로 내림
선실 : 배나 항공기 안에서 승객들이 쓰도록 만든 방
연착륙 : 달이나 행성에 탐사선이 완전히 속도를 줄여 사뿐히 내려앉는 일

달 탐사

 활동 내용

1 미리 준비하기
- 활동에 필요한 알맞은 재료를 준비한다.
- 두꺼운 종이를 아코디언 방식으로 접는다.

2 도전과제 소개하기
- 우주 비행사들을 태우고 달에 갔다가 안전하게 되돌아오려면 우주선의 착륙이 왜 중요한지 설명한다.
  - 달 표면에서 연착륙이 가능한 장소를 찾고 나면 우주 비행사들이 다치지 않고 우주선도 손상되지 않게 착륙 할 수 있는 우주선을 설계한다.
    실제 과학자들처럼 우주선을 바닥에 내려놓았을 때 안전하게 착륙할 수 있는 장치를 만들어야 한다.
- 두꺼운 종이로 만든 '스프링'을 학생들에게 보여주며, 충격 흡수장치의 예를 들어준다.
  - 높은 층계에서 뛰어내릴 때 허리와 무릎을 굽혀 충격의 일부를 흡수하고 떨어지는 힘을 약하게 한다.
    충격 흡수 장치가 바로 이러한 기능을 하여 충격 에너지를 흡수한다.

3 도전과제 설계하기
- 주어진 재료를 사용하여 부드럽게 착륙하기 위한 충격 흡수장치로 어떤 것을 만들 수 있는지 질문한다.
  - 마시멜로는 부드러운 발판으로 사용할 수 있으며, 두꺼운 종이는 스프링 모양으로 접는다.
    빨대로는 충격을 흡수하도록 모양을 만든다. 고무밴드는 물건을 함께 묶어둔다.
- 착륙선이 공중에서 낙하할 때 뒤집어지지 않게 만들 수 있는 방법이 있는지 생각하게 한다.
  - 플랫폼 아랫부분을 윗부분보다 무겁게 만들면 착륙선을 똑바로 내려가게 하는데 도움이 된다.
    또한 무게를 플랫폼 위에 균일하게 분산시켜 준다.

4 실험하고 재설계하기
- 하강하면서 뒤집어지면 착륙선이 기울어지는 쪽에서 종이컵을 약간 멀리 옮긴다.
- 연착륙하지 않고 튀어 올라오는 경우 충격 흡수 부분의 크기, 위치, 개수 등을 변경한다.
  마시멜로를 덧대어 에너지를 흡수할 수 있다.

5 결과 토의하기
- 착륙선이 낙하할 때 어떤 힘이 작용했는가?
  - 중력이 잡아당기는 힘 때문에 착륙선이 낙하하면서 속도가 빨라졌다.
  - 공기가 작용하였을 것 같다.
- 실험 후 착륙선을 어떻게 변경했는가?
- 실제로 과학자들이 처음 낸 아이디어가 바로 만들어지는 경우는 드물다. 실험을 하면 왜 설계를 개선하는데 도움이 될까?

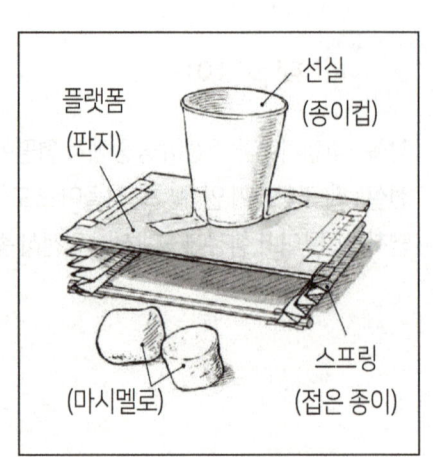

- 실험을 하여 생각대로 되는 점과 잘 되지 않는 점을 알 수 있다.
  다른 사람이 착륙선을 실험하는 것을 보고 배운 것은 무엇인가?
- 주어진 도전 과제를 성공적으로 할 수 있도록 하는 데에는 여러 가지 방법이 있다.
  달 표면은 작은 먼지들이 두껍게 쌓여 있다. 이 먼지층이 착륙을 부드럽게 하도록 도와줄까?
  아니라면 불리한 점은 무엇일까?
- 먼지층이 부드러워 착륙할 때 충격을 줄여줄 것이다.
- 너무 부드러우면 착륙선이 빠져 꼼짝하지 못할 수도 있다.
- 착륙선의 로켓 엔진이 먼지를 일으켜 우주선 안으로 먼지가 들어가면 고장날 수도 있다.

심화학습

- 우주선 연착륙 대회를 한다. 학생들에게 각자 만든 착륙선을 60cm 높이에서 떨어뜨리게 한다. '우주 비행사'가 튀어나오는 착륙선은 모두 제외시킨다. 높이를 다시 90cm로 높여 같은 방식으로 한다.
- 크기가 다른 여러 가지 스프링을 실험한다. 두꺼운 종이의 주름 개수를 다르게 하면 충격 흡수가 달라질지 예상하게 한다. 주름의 개수를 2개, 3개, 6개 등으로 만들게 하고 실험하여 어떤 차이가 있는지 알아보게 한다.

지도상 유의점

이 활동을 하면서 연계할 수 있는 개념은 다음과 같다.

- **위치 에너지 및 운동 에너지** : 착륙선이 바닥에 닿으면 운동 에너지는 위치 에너지로 바뀌어 충격 흡수 장치에 저장된다.
- **측정** : 착륙선을 떨어뜨리는 여러 높이를 측정한다.

 달 탐사

사뿐히 내려앉아요!

학년   반
이름

우주 비행사 2명이 무사히 달에 착륙할 수 있도록 우주선을 만드세요!

달에 착륙하는 일은 매우 어렵습니다. 먼저 달을 향해 날아가는 우주선은 1시간에 29000km를 갈만큼 빠르기 때문에, 달에 안전하게 착륙하기 위해서는 속도를 줄이고 부드럽게 내려앉아야 합니다. 착륙선 안에는 실험용 인형이 아니라 진짜 우주 비행사가 타고 있기 때문이지요. 자, 여러분의 우주선 안에 우주 비행사 2명이 앉아 있습니다. 이들을 안전하게 착륙할 수 있는 방법을 생각해 보세요.

이것이 필요해요

실험을 위한 재료는 오른쪽 그림과 같이 준비해 주세요.

 핵심단어

착륙 : 비행기가 우주선이 □□□□ 에서 판판한 곳으로 내림
선실 : 배나 항공기 안에서 승객들이 쓰도록 만든 □
연착륙 : 달이나 행성에 탐사선이 완전히 □□□ 를 줄여 사뿐히 내려앉는 일

생각해요

① 이러한 재료를 사용하여 우주선이 연착륙을 할 수 있게 하기 위해서는 어떤 충격 흡수 장치를 만들 수 있나요?

② 착륙선이 공중에서 낙하할 때 뒤집어지지 않게 만들 수 있는 방법이 있을까요?

50

활동순서

① 먼저 충격 흡수를 위한 구조를 설계합니다. 두꺼운 종이와 다른 재료들을 사용하여 스프링과 쿠션을 어떻게 만들 것인지 생각합니다.
② 설계에 따라 우주선을 제작합니다. 하드보드지에 충격 흡수 장치를 붙입니다.
③ 그 위에 우주 비행사의 선실인 종이컵을 붙입니다. 컵을 하드보드지에 테이프로 붙이고, 우주 비행사 2명(큰 마시멜로)을 그 안에 넣습니다. 이 때 컵에 뚜껑을 닫지 않고 열려진 채로 놓아 둡니다.

활동 결과

① 우주선이 무사히 우주 비행사들을 착륙시켰습니까?

② 만일 실험에 실패했다면 어떤 점을 바꾸어야 할지 생각해 보세요.

읽을 거리

얼마나 단단할까요?

달에 최초로 간 사람은 달에 착륙할 때 결코 안전하지 않았습니다. 그 이유는 달 표면이 작은 먼지층이 두껍게 덮여 있기 때문입니다. 먼지층이 얼마나 깊은지, 또 얼마나 약한지 누구도 알지 못했습니다. 혹시 우주선이 착륙하면 가라앉아 눈앞에서 사라져 버릴지도 모르는 일이었습니다.

그러나 이제는 이 먼지층이 단단하다는 것을 알았습니다. 사진에서 아폴로 11호의 착륙선 패드가 먼지 속으로 약 5cm 들어가 있는 것을 볼 수 있습니다. 이로써 NASA는 우주선의 착륙 시스템에 어떤 충격 흡수 장치가 필요한지 알게 되었습니다.

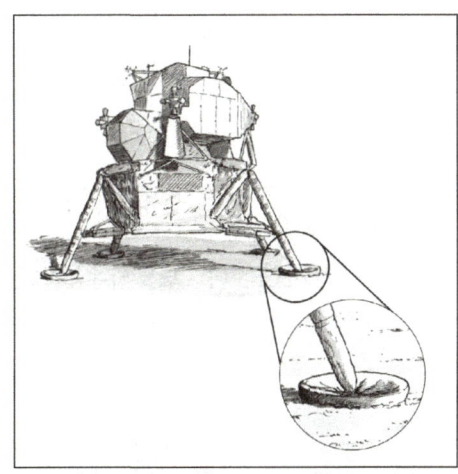

지금까지 12명의 사람만이 달에 발을 디뎠습니다. 그러나 NASA는 언젠가 6개월 동안 함께 생활할 우주 비행사 팀을 보낼 계획을 세우고 있답니다.

달 탐사

월면차로 달 둘러보기

두꺼운 종이 판지를 사용하여 월면차를 설계하고 제작한다. 이 월면차의 바퀴가 회전하도록 하기 위해서는 고무 밴드를 어떻게 사용해야 하는지 생각한다. 제작한 월면차를 시험하고 잘못된 부분을 개선한다.

학습목표
고무 밴드를 사용한 탐험차를 만들어 이동시킬 수 있다.

해당학년 : 5~6학년    **소요시간** : 80분

이것이 필요해요
골판지(15cm 정사각형, 13cm 정사각형), 잘 깎은 둥근 연필 1개, 고무 밴드 2개, 자, 테이프, 둥근 초(가운데 구멍 있는 것) 2개, 음료수용 빨대 2개, 가위, 송곳 등

이렇게 준비해요
골판지 대신 하드 보드지나 두꺼운 종이를 겹쳐서 사용하여도 좋다. 빨대는 굵은 빨대로 사용하고 초는 희고 딱딱한 양초를 사용하도록 한다.

핵심단어
ATV : 산악 오토바이라고도 불리는, 바퀴가 4개 달린 오토바이
동체 : 물체의 몸통을 이루는 부분

활동 내용

1 미리 준비하기
- 활동에 필요한 재료들을 미리 준비한다.
- 학생들에게 보여줄 월면차 모형을 만든다.

2 도전과제 소개하기
- 달에서 사용할 월면차의 용도를 설명한다.
  - 우주 비행사들은 달 표면을 다닐 월면차가 필요한데, 이 월면차는 달 표면을 다니며 물건을 운반하고 달 기지를 세우며 또한 주변 지역을 탐사하게 된다.
- 학생들에게 월면차 모형을 보여주며 설명한다.
  - "이것은 이제 여러분이 만들게 될 월면차 모형입니다. 이 모형과 같은 월면차를 만들어 원하는 방향으로 잘 가는지 시험한 뒤 잘못된 점을 고치게 됩니다."

3 도전과제 설계하기
- **월면차를 움직이게 하려면 무엇을 해야 하는가?**
  - 바퀴를 돌려 고무 밴드를 감는다.
  - 월면차를 바닥에 놓은 뒤 손에서 놓아 움직이게 한다.
- **바퀴를 다양한 크기나 모양으로 만들 수 있을까?**
  - 크거나 작은 사각형 형태로 잘라 크기가 다양한 바퀴를 만들거나 다른 모양의 바퀴를 만들 수 있다.
- **월면차는 왜 사각형 바퀴를 사용할까?**
  - 사각형의 각진 부분이 카페트, 모래, 잔디 같이 부드러운 곳에 묻힐 수 있다. 이 모양이 바퀴가 헛도는 것을 막아줄 수 있다.
- **월면차가 갈 수 있게 하는 고무 밴드는 어떻게 사용해야 할까?**
  - 고무 밴드의 개수를 바꾸어 본다. 고무 밴드를 하나만 사용할 때보다 고무 밴드를 여러 개 사용하면 효과가 좋다. 고무 밴드를 잘라 사용할 수도 있다.

4 실험하고 재설계하기
- 바퀴의 움직임이 원활하지 않는 경우 바퀴가 축에 단단하게 감겨 평행이 되는지 확인한다. 종이로 만든 동체에 뚫은 구멍이 서로 마주보고 있는지, 연필이 쉽게 회전할 수 있을 만큼 큰지 확인한다.
- 직선으로 움직이지 않는 경우 바퀴 축이 반듯한지, 앞바퀴의 크기가 같은지 확인한다. 한쪽 바퀴가 다른 쪽보다 작으면 차는 그 쪽으로 움직인다.
- 멀리 나가지 않는 경우 고무 밴드를 더 감게 한다. 바퀴를 크게 해도 된다. 큰 바퀴는 둘레가 크므로 큰 바퀴가 한 번 회전하면 작은 바퀴보다 멀리 나갈 수 있다.
- 바퀴가 헛도는 경우 고무 밴드를 너무 많이 감았거나 바닥이 미끄러워 마찰력이 작으면 바퀴가 헛돌게 된다. 마찰력을 높이려면 바퀴를 무겁게 하거나 축에 바퀴를 더 끼운다.

달 탐사

5 결과 토의하기

- 지구에서 사용하는 장비 중 월면차와 비슷한 것이 있는가?
  - 눈 위의 차, 탱크, 모래 언덕을 달리는 소형차, 4륜 산악용 오토바이 등
  - 정지 마찰력이 뛰어나고 엔진이 강력하여 도로가 깔리지 않은 곳에서도 잘 달릴 수 있다.
- 미리 월면차를 만들어 보여준 게 더 좋은가?
  - 모형을 보면 무엇이 되고 무엇이 안 되는지를 알 수 있으며 개선점도 안다.
- 마찰은 월면차에 어떤 영향을 끼쳤을까?
  - 축과 구멍 사이의 마찰이 작아야 하고 바퀴와 바닥 사이의 마찰은 있어야 한다.

 ### 심화학습

- 다양한 바퀴를 사용한다. 사각형 바퀴를 장착한 뒤 거리를 측정한다. 바퀴의 가장자리를 자른 뒤 거리를 측정한다. 이 때 바퀴를 감는 횟수는 동일해야 한다. 거리의 차이를 확인한다.

 ### 지도상 유의점

이 활동을 하면서 연계할 수 있는 개념은 다음과 같다.

- **마찰** : 월면차는 바퀴와 바닥 사이에 마찰이 있어야 움직일 수 있다. 반면에 축과 동체 사이에는 마찰이 작아야 한다.
- **위치 에너지와 운동 에너지** : 고무 밴드가 월면차의 바퀴를 감을 때 고무 밴드는 에너지를 위치 에너지로 저장한다. 바퀴가 회전하면서 위치 에너지는 운동 에너지로 전환된다.
- **측정** : 월면차의 운행 거리를 측정한다.

월면차로 달 둘러보기

학년   반
이름

고무 밴드를 사용하여 월면차를 만들고 이동시켜 보자.

달에서 4륜 오토바이가 다닌다는 상상을 해본 적 있나요? NASA는 이런 오토바이를 여러 대 만들었는데 이를 로버라고 합니다. 우주 비행사가 운전할 수 있는 로버도 있고, 원격으로 조종할 수 있는 로버도 있습니다. 모두 먼지가 많고 험한 달에서 다닐 수 있게 만들었답니다. 그럼 우리도 이런 월면차를 한 번 만들어봅시다.

이것이 필요해요

골판지(15cm 정사각형, 13cm 정사각형), 잘 깎은 둥근 연필 1개, 고무 밴드 2개, 자, 테이프, 둥근 초(가운데 구멍 있는 것) 2개, 음료수용 빨대 2개, 가위, 송곳 등

핵심단어

ATV : 산악 [   ] 라고도 불리는, 바퀴가 4개 달린 오토바이
동체 : 물체의 [   ] 을 이루는 부분

활동순서

① 먼저 동체를 만듭니다. 골판지를 5cm 같은 간격으로 접어 3등분합니다. 이 때 골판지의 주름 방향대로 접도록 합니다.
② 앞바퀴를 만듭니다. 13cm 정사각형 골판지 2장을 놓고 그 위에 대각선을 가로질러 그은 뒤 두 대각선의 중심에 구멍을 작게 뚫습니다. 동체에는 구부러진 옆면 끝부분에 축이 들어갈 구멍을 뚫는데 이 때 구멍은 수평이 맞아야 하며 연필이 쉽게 드나들 수 있도록 크게 뚫습니다.
③ 이제 앞바퀴를 답니다. 축이 들어가는 동체 구멍에 연필을 넣습니다. 연필의 양 끝에 바퀴를 넣고 테이프로 붙입니다.
④ 뒷바퀴를 만듭니다. 월면차의 다른 쪽 끝 아래에 빨대를 테이프로 붙입니다. 양 끝에 양초를 끼웁니다. 빨대의 끝을 구부린 뒤 테이프를 붙여 양초가 빠져 나오지 못하게 합니다. 마지막으로 고무 밴드의 한쪽 끝은 연필에 고리를 만들어 매고 나머지는 동체 뒷부분 작은 홈을 파서 그 홈에 끼웁니다.

달 탐사

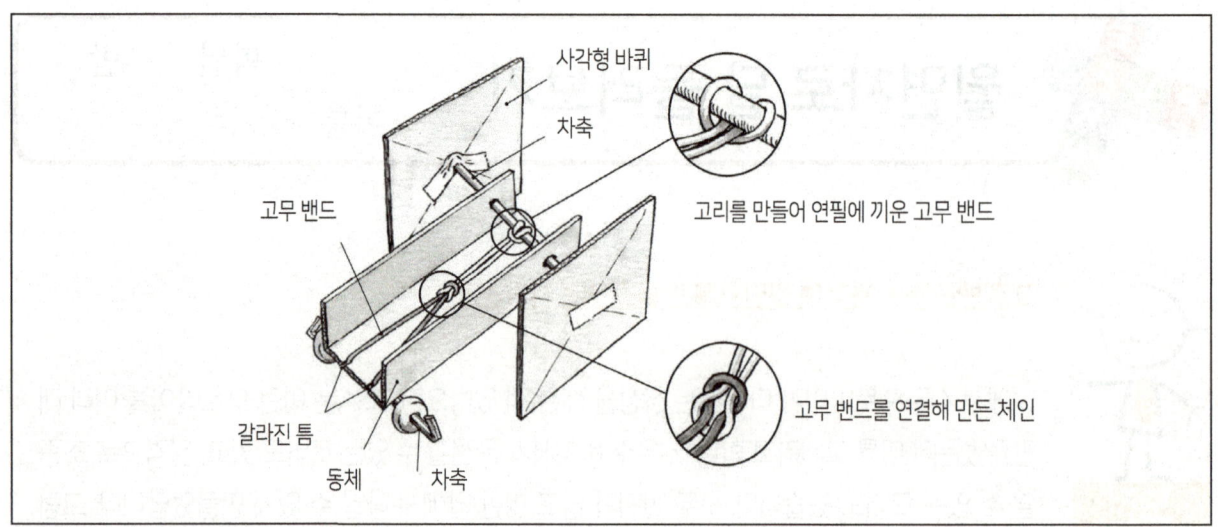

 **활동 결과**

① 우주선이 무사히 우주 비행사들을 착륙시켰습니까?

② 만일 실험에 실패했다면 어떤 점을 바꾸어야 할지 생각해 보세요.

 읽을 거리

맞춤형 바퀴

달에는 공기가 없기 때문에 기압이 없습니다. 따라서 자동차나 자전거 타이어처럼 공기가 가득 찬 타이어는 눌러주는 공기가 없기 때문에 부피가 커져 결국 터지게 됩니다.

다음과 같은 조건에서 다닐 수 있는 타이어를 생각해 봅시다.

① 기압이 없는 곳에서 사용할 수 있어야 한다.
② 달 표면의 온도에 견딜 수 있어야 한다.(영하 157° ~ 영상 121°)
③ 무게는 5.5kg 정도로 한다.
④ 달 표면에 있는 작은 먼지층으로 방해받지 않아야 한다.

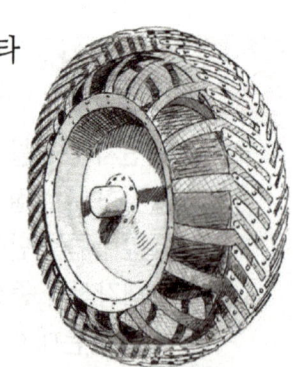

까다로운 조건이지만 과학자들은 타이어를 만들었습니다. 이 타이어는 탄력이 있는 얇은 금속으로 만들어졌습니다. 이러한 재료를 사용해 가볍고 먼지에도 방해받지 않으며 온도가 너무 낮거나 높아도 견딜 수 있게 만들었습니다. 이 밖에도 바위에 부딪히면 구부러지고 공기를 더 넣을 필요가 없습니다.

폼나는 자동차

월면차는 가격이 무려 130억 원이나 하지만 타고 다니기에 그리 멋진 자동차는 아닙니다. 그래도 갖고 다니기에 매우 편리합니다. 월면차를 접을 수도 있고 그 크기가 매우 작기 때문입니다.

 달 탐사

계란 무사히 내려놓기

지구에서 계란이 깨지지 않게 떨어뜨리는 실험은 학생들에게 많이 익숙한 실험이다. 이 활동은 지구와 다른 달의 환경에서 계란이라는 약한 물건을 무사히 바닥에 내려놓기 위해 여러 가지 방법을 설계하는 것이다. 여러 가지 방법으로 깨지기 쉬운 물건을 무사히 내려놓는 실험을 하도록 하자.

학습목표
친구들과 협동하여 계란을 무사히 내려놓을 수 있는 장치를 만들 수 있다.

해당학년 : 5~6학년    소요시간 : 60분

이것이 필요해요
계란, 가위, 컵, 빨대, 키친 타올, 비닐 봉지, 발포 포장재, 둥근 풍선 3개, 끈, 천, 보호 테이프 등

이렇게 준비해요
모든 팀이 같은 재료를 사용한다면 다른 재료로 바꾸어도 좋다.

활동 내용

1 미리 준비하기
- 활동에 필요한 재료들을 미리 준비한다.
- 팀을 나누어 한 팀에 3~4명이 되도록 구성한다.

2 도전과제 소개하기
- 배경 지식에 대해 먼저 설명한다.
 - 도전과제를 말하기 전에 먼저 지구가 아닌 달에서 해야 할 일이므로 그 배경 지식에 대하여 설명한다. 달에서 물건을 옮기는 장비의 속도를 줄이기 위해 브레이크를 사용하거나 낙하산을 사용하지 않는다.

- 도전과제를 소개한다.
  - 계란과 같이 깨지기 쉬운 물건들이 무사히 전달될 수 있도록 잘 감싸는 활동이다. 날계란들을 2층 높이에서 떨어뜨려도 깨지지 않도록 포장을 설계한다.

③ 도전과제 설계하기
- 팀별로 도전과제를 확인한 뒤 과제를 해결하기 위한 설계를 한다.
  - 각 팀은 계란을 위한 각자의 포장 용기를 설계한다.
- 각 팀의 설계를 확인한다.
  - 지구와 달리 대기가 없으므로 대기와 관련된 포장 용기는 조정하도록 한다.

④ 실험하고 재설계하기
- 설계와 만들기가 완성되면 주어진 2층 높이에서 떨어뜨린다.
- 포장 용기 안의 내용물을 확인한 후 평가한다.

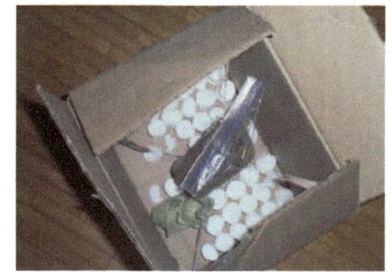

⑤ 결과 토의하기
- 몇 팀이 도전과제를 완성하였는가?
- 어떤 구조팀의 포장이 가장 효과가 좋았는가?
- 어떻게 하면 내용물이 무사히 착륙할 수 있도록 만들 수 있는가?

 **지도상 유의점**

- 포장의 크기는 20cm×20cm×20cm 정도보다 크기 않도록 한다.
- 점수 기준은 계란의 껍질이 그대로 있으면 완벽한 성공이고, 껍질이 깨졌지만 노른자가 그대로 있으면 중간 점수, 껍질과 노른자 모두 깨졌으면 최하점을 준다.

 달 탐사

계란 무사히 내려놓기

학년　반
이름

**도전
과제**

<u>달에서 물건이 깨지지 않게 내려놓아 보자.</u>

미래의 달 기지에서는 모든 물품을 만들어낼 수 없습니다. 필요한 물건들을 지구에서 공급받기 위해서 장치가 필요합니다. 지구에서 주기적으로 물건들을 보급받기 위해 물품을 일정한 높이에서 무사히 떨어뜨리려면 어떠한 장치가 필요할지 생각해 봅시다.

이것이 필요해요

계란, 가위, 컵, 빨대, 키친 타올, 비닐 봉지, 발포 포장재, 둥근 풍선 3개, 끈, 천, 보호 테이프 등

생각해요

① 지구와 달의 차이점은 어떠한 것이 있을까요?

② 계란과 같은 물건들을 일정한 높이에서 떨어뜨리면 깨지기 쉽습니다. 이들을 무사히 보급하려면 어떠한 장치가 필요할까요?

③ 더 높은 곳에서 떨어뜨리려면 어떠한 장비를 보완해야 할까요?

활동순서

① 각 팀의 구성원들이 도전 과제에 따라 계란이 깨지지 않기 위해서는 무엇이 필요할지 생각합니다.
② 계란의 포장을 설계하고 그에 따라 구성원들의 역할을 나눕니다.
③ 주어진 높이에서 포장된 계란을 떨어뜨리고 결과에 따라 포장을 보완합니다.

활동 결과

① 계란 포장을 설계한 대로 만들었나요?

② 일정한 높이에서 떨어뜨린 계란은 깨지지 않았나요?

③ 혹시 계란이 깨졌다면 어떠한 점을 보완해야 더 효율적일까요?

④ 무조건 포장을 두껍게 하면 그만큼 무게가 많이 나가지 않나요?

 달 탐사

 **물건을 들어 올려요!**

두꺼운 종이로 기중기를 설계한 뒤 제작한다. 무거운 물체를 올려놓아도 무너지지 않는 방법을 생각한다. 크랭크 손잡이를 만든 뒤 실험 결과를 보고 개선한다.

 학습목표

기중기를 만들어 무거운 물체를 들어 올릴 수 있다.

 해당학년 : 6학년　　 **소요시간 :** 60분

 이것이 필요해요

두꺼운 종이, 골판지(5×28㎝) 3조각, 클립, 큰 종이컵, 깎은 연필 3개, 가위, 낚싯줄, 테이프, 구슬이나 동전 등

 이렇게 준비해요

구슬이나 동전은 분동 역할을 하는데 배터리나 자갈 등도 대신할 수 있다.

 핵심단어

기중기 : 무거운 짐을 들어 올리고 옆으로 이동할 수 있는 기계장치
크랭크 : 왕복 운동을 회전 운동으로 바꾸거나 그 반대의 일을 하는 기계 장치

 활동 내용

① **미리 준비하기**
- 활동에 필요한 재료들을 미리 준비한다.
- 자, 연필, 줄을 사용하여 간단한 기중기 팔을 만든다.

2 도전과제 소개하기

- 달에서 사용될 크레인에 대해 설명한다.
  - 우주 비행사는 달 기지에서 구조물을 만들고 물건들을 운반하는 데 사용할 수 있는 기계가 필요하다.
  건설 현장에서 자재를 들어 올리고 또 이리저리 운반하는 기중기를 본 적이 있을 것이다. 기중기의 팔은 매우 긴데, 끝에 갈고리가 달린 케이블이 연결되어 있다. 지구에서든 달에서든 기중기가 무거운 물체를 들어 올리기 위해서는 튼튼해야 한다.

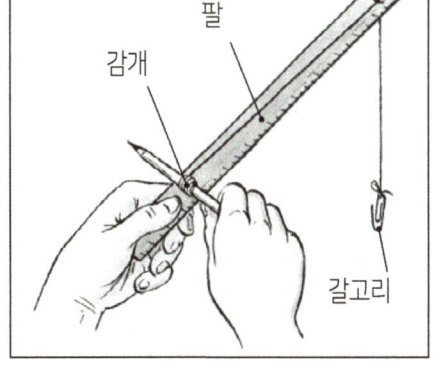

- 직접 만든 기중기를 보여주며 설명한다.
  - "오늘 여러분은 기중기를 설계, 제작한 다음 얼마나 무거운 물체를 들어 올릴 수 있는지 실험하게 됩니다.
  여러 부품들이 모여서 어떻게 기중기가 작동하는지 보도록 합시다. 기중기를 만들 때 두꺼운 종이나 골판지를 여러 겹 덧대어도 됩니다. 설계한 대로 만든 후 직접 시험해 보면서 문제점을 고쳐나가도록 합시다."

3 도전과제 설계하기

- 기중기가 무거운 물체를 들어 올릴 때 기중기 팔이 못 견디고 상자 밖으로 떨어져 나간다면 어떻게 고쳐야 하는가?
  - 기중기 팔을 상자에 단단히 붙인다.
  - 상자 윗면에 틈을 만들어 그 안에 기중기 팔의 한 쪽을 집어넣는다.
  - 기중기 팔의 끝 부분을 상자에 단단히 고정시킨다.
- 무거운 물체가 기중기 팔을 왼쪽이나 오른쪽으로 잡아당긴다면 어떻게 하는가?
  - 기중기 팔의 위아래와 옆면에 두꺼운 종이로 보강하여 더 붙인다.
  - 기중기 팔의 윗부분에서 상자 뒷면이나 옆면으로 실을 둘러 고정한다.
- 갈고리가 오르내릴 수 있도록 연결줄을 어떻게 감고 풀 것인가?
  - 연필은 실패로 사용하기 좋으나 고정하는 것은 어렵다.
  종이로 연필을 감싸거나 받침을 만들어 고정한다.

4 실험하고 재설계하기

- 무게 때문에 팔이 상자에서 찢어져 떨어지는 경우 팔의 아래 부분을 상자에 단단히 붙인다.
  상자에 틈을 만들어 팔을 집어넣어도 된다.
- 팔이 무거운 무게를 들어 올리지 못하는 경우 두꺼운 종이 여러 장을 사용하여 다시 만든다.
  종이를 한꺼번에 사용하거나 하나씩 여러 번 사용한다.
- 무거운 무게 때문에 팔이 흔들리는 경우 연결줄이 팔의 중심에 오게 한다. 실이나 두꺼운 종이로 보강할 수도 있다. 이 때 양쪽 길이가 같은지 확인한다.

 달 탐사

5 결과 토의하기
각자 만든 기중기를 보여주고 만들면서 생겼던 문제점들을 어떻게 해결했는지 토의한다.
- 우주 비행사들은 기중기를 어떤 용도로 사용하는가?
  - 광물이나 얼음을 차에 싣는 데 사용된다.
  - 건물, 인공위성 안테나 또는 태양 전지판 같은 것을 조립하는데 사용된다.
- 기중기에는 어떤 힘이 작용하는가?
  - 기중기는 물체를 끌어당기는 중력을 이겨야 한다. 중력은 연결줄도 팔도 끌어 내린다.
- 두꺼운 종이를 덧대면 더 잘 들어 올릴 수 있을까?
  - 종이를 어떻게 붙이느냐에 따라 다르다. 벽처럼 수직으로 붙이면 더 많이 들어 올릴 수 있다. 만일 수평으로 붙이면 힘이 약해진다.
- 읽을 거리를 보면 달에서 기중기를 이용해 작업하는 것을 잘 이해할 수 있는가?
  - 기지를 짓고 얼음을 캐는 일 모두 기중기가 필요한 일이라는 것을 알았다.

 **심화학습**

- 누가 가장 많이 담을 수 있는지 시합한다.
  기중기를 만든 다음 바구니나 양동이에 물건을 더 쌓은 뒤 실험하고, 물건을 들어 올리지 못한 기중기를 제외한 뒤 다시 시합하여 가장 물건을 많이 들어 올리는 기중기를 가려낸다.
- 가장 효율적인 기중기를 가린다. 기중기들의 무게를 재고 최대 물건을 들어 올리게 한 뒤 물건의 무게 ÷기중기의 무게 값을 구하여 가장 높은 값을 가진 기중기가 승자가 된다.

 지도상 유의점

이 활동을 하면서 연계할 수 있는 개념은 다음과 같다.

- **작용 반작용의 법칙** : 기중기가 안정된 자세를 유지하려면 미는 힘과 끄는 힘이 균형을 이루어야 한다. 기중기가 물체를 들어 올리는 경우 팔에는 힘을 똑같이 나누는 장치들이 있다. 기중기의 팔에 작용하는 힘과 반대되는 똑같은 힘이 있다면 팔은 움직이지 않는다.
- **측정** : 기중기 부품의 크기와 부품 간 거리를 측정하게 한다.

물건을 들어올려요!

학년　반
이름

기중기를 만들어 물체를 들어 올려 봅시다.

지구에서 달까지 물건을 실어 나르는 비용은 1kg당 7천만 원이 넘습니다. 따라서 달에서 살기 위해서는 달에 있는 재료를 활용해야 합니다. 달에 있는 광물들을 채집하고 기중기를 사용해 물건을 운반하여 봅시다.

이것이 필요해요

두꺼운 종이, 골판지(5×28㎝) 3조각, 클립, 큰 종이컵, 깎은 연필 3개, 가위, 낚싯줄, 테이프, 구슬이나 동전 등

핵심단어

☐ : 무거운 짐을 들어 올리고 옆으로 이동할 수 있는 기계장치
크랭크 : ☐ 운동을 회전 운동으로 바꾸거나 그 반대의 일을 하는 기계 장치

생각해요

① 기중기가 물건을 들어 올릴 때 기중기 팔이 상자에서 떨어지지 않게 하려면 어떻게 해야 합니까?

② 무거운 물건이 팔을 왼쪽이나 오른쪽으로 끌어당기면 중심을 잡기 위해서 어떻게 해야 할까요?

③ 갈고리가 오르내릴 수 있도록 케이블을 어떻게 감고 풀까요?

 달 탐사

 활동순서

① 기중기의 팔을 만듭니다. 골판지 조각으로 기중기 팔을 어떻게 만들 것인지 설계, 제작한 후 기중기 팔에 실을 겁니다.
② 감아올리는 실패를 만듭니다. 케이블을 늘이거나 줄일 수 있도록 실패를 만들어 봅니다.
③ 줄, 갈고리, 컵을 부착합니다. 기중기 팔을 통과하여 끈을 걸고 감개와 갈고리에 붙입니다. 종이컵의 양쪽에 구멍을 내 실을 넣고 갈고리와 연결시킵니다.

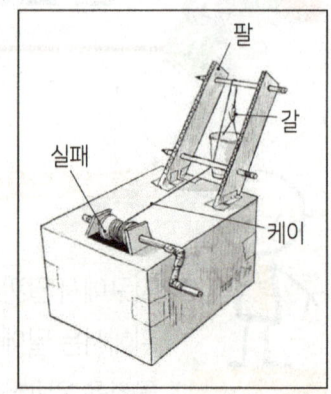

 **활동 결과**

① 기중기가 물건을 무사히 들어 올렸나요?

② 더 무거운 물건을 들어 올리려면 어떤 부분을 변경해야 하는지 생각해 보세요.

 읽을 거리

금보다 귀하다고?

달 표면은 지구의 어떤 사막보다도 건조하지만 달 표면의 아래는 건조하지 않습니다. 물이 있을지도 모르지요. 달에서 얼음을 찾기 위해 여러 차례 우주선을 보내고 있습니다. 얼음을 찾으면 물을 만들 수 있으며, 물은 숨을 쉴 수 있는 산소를 만들기 때문입니다. 또한 우주선이 지구로 돌아올 수 있는 연료를 만들기도 합니다. 달에서 얼음을 찾았을 때 이를 캐내어 옮기는 것은 바로 기중기가 해야 할 일입니다.

내 집 같은 달 기지!

NASA는 달에서 6개월간 사람이 머물 수 있도록 기지를 만들 계획입니다. 달 기지는 사람이 살 수 있도록 모든 것을 갖추어야 합니다. 만일 여러분이 달에서 6개월 동안 안전하고 편안하게 보내야 한다면 무엇을 가지고 떠나겠습니까?
다음 그림은 달 기지의 모습을 그린 것입니다. 그림에서 아래 물품을 찾아보세요.

- 착륙장
- 저장탱크
- 태양전지판
- 기중기
- 위성안테나
- 굴착장치
- 온실
- 하역장(짐을 싣고 내리는 곳)
- 숙소

달 탐사

달에서 본 지구

3. 달 기지

 단원 소개

본 단원은 달 기지 건설을 위한 팀 조사학습활동이다. 달 기지에서 유지될 수 있는 생태계 설계, 인간에게 필요한 생활공간, 작업공간, 여가공간 확인, 구할 수 있는 에너지 자원과 발전소 설계, 필요한 모든 재료로 화물실 채우기, 발생가능성이 있는 응급 상황과 의료 장비 선택을 위해 팀이 협력하여 조사 활동을 한다.

주제 안내

순	주 제	대상학년	소요시간
1	생태계 조사하기	5~6학년	80분
2	주거지 조사하기	5~6학년	80분
3	에너지 조사하기	5~6학년	80분
4	항해 조사하기	5~6학년	80분
5	의료 조사하기	5~6학년	80분

 지도상 유의점

모두 5차시의 주제로 각 시간마다 순차적 진행을 할 수도 있으나 차시들을 모두 묶어 2시간 30분 정도의 시간 안에 조사 분야를 각각 나누어 진행할 수도 있다.

수업시간에 바로 안내하고 활동하기보다는 1~2주 전에 팀을 나누고 주제를 주어 미리 생태계, 주거지, 에너지, 항해, 의료에 대해 알아보게 한 뒤 본 수업시간에는 팀별로 정리하거나 발표하는 시간을 주는 것도 좋은 방법이다.

다음 배경지식으로 제시되어지는 각 주제별 읽을 거리를 교사가 학생들에게 쉽게 풀어서 이야기해주거나 간단하게 정리하여 인쇄물로 나누어 주도록 한다.

달 기지

4 배경 지식

생태계 - 물을 찾아서

LCROSS(달 크레이터 관측 및 감지 위성 ; Lunar Crater Observation and Sensing Satellite)는 달에 두 차례 충돌해 구름을 만들어 내고, 그 속에서 H2O가 있는지 조사함으로써 물을 찾는 일을 한다. LCROSS 우주선이 달의 남극에 접근하게 되면 상단체가 분리되면서 남극 지역의 한 크레이터에 충돌한다. 상단체 충돌로 구름이 솟아오르면 구름을 분석해 물과 기타 혼합물이 있는지 조사한다. 또한 우주와 지구에 있는 다른 장비들도 엄청난 양의 구름을 조사하게 된다.

LCROSS가 달에 접근

우주선 충돌

달 탐사 궤도선과 LCROSS는 달 표면을 조사하고 지도를 작성하여 우주 비행사들이 달에 갈 수 있도록 도와준다. 즉, 달의 착륙 지점을 결정하고 오랫동안 달을 탐험할 수 있도록 산소, 수소, 금속 등의 자원을 사용할 수 있는지 판단한다.

주거지 - 달의 진동 월진

인류는 또 다시 달로 갈 예정인데, 그들이 달에 도착하면 지진에도 안전한 방진 주택이 필요할 것으로 보인다.

1969년 ~ 1972년에 아폴로 우주 비행사들은 달 착륙 지점 여러 곳에 지진계를 설치했다. 아폴로 12, 14, 15, 16호의 장비들은 1977년 장비의 수명이 다 할 때까지 지구에 자료를 정확히 전송했다. 이로써 알 수 있는 사실은 달에는 적어도 네 종류의 월진이 존재한다는 것이다.

지진계 설치

즉, (1) 조수에 의한 것으로 보이며 표면에서 약 700km 아래 깊은 곳에서 발생하는 월진, (2) 운석의 충돌에 의한 진동, (3) 2주 동안 아주 추운 밤이 지나가고 처음으로 아침 태양이 비칠 때 딱딱한 지각이 팽창하면서 발생하는 열진, (4) 표면에서 20km ~ 30km 아래의 얕은 곳에서 발생하는 월진이 이에 해당한다.

처음 세 가지 월진은 보통 가벼운 월진으로 피해가 없었다. 반면 얕은 곳에서 발생하는 월진은 걸작이었다. 1972년 ~ 1977년 아폴로 지진 관측망에 이와 같은 월진은 28차례나 발견되었고, 그 일부는 강도 5.5까지 기록했다고 한다. 지구에서 진도 5의 지진은 가구가 움직이고 석고에 금이 갈 정도로 강력한 것이다. 게다가 얕은 곳에서 발생하는 지진은 상당히 오래 지속되었다. 한 번 시작하면 항상 10분 이상 계속되었다.

지구에서는 지진으로 인한 진동이 보통 30초만 지나면 사라진다. 그러나 달은 월진이 일어나면 마치 소리굽쇠처럼 진동한다. 월진이 강렬하지는 않지만 끊이지 않고 계속해서 진행된다.

어떤 거주지가 됐든 약간 유동적인 물질로 만들어야 할 것이며, 자재가 반복적으로 구부러지고 흔들리는 데 얼마나 견딜 수 있는지를 알아야 할 것이다.

에너지 - 달의 먼지를 들이마시다

아폴로 우주 비행사들이 달에서 주목한 문제점은 먼지였다. 우주 비행사들의 폐 속까지 온통 먼지로 가득찰 위험이 있기 때문이다. 그러나 그 먼지로 인해 미래의 달 탐사자들이 숨 쉬게 될 수도 있다. 왜냐하면 달 토양의 먼지층은 거의 절반이 산소로 되어 있기 때문이다. 문제는 그것을 추출해내는 일이다.

달의 흙은 산화물로 가득하다. 가장 흔한 것이 해변의 모래와 같은 이산화규소(SiO_2)이다. 산화칼

아폴로 17호의 지질학자 해리슨 슈미트가 산소로 차 있는 돌과 흙을 퍼내고 있다.

슘(CaO), 산화철(FeO), 산화마그네슘(MgO)도 풍부하다. 이 산소(O)를 모두 합치면 달 토양 질량의 43%에 해당한다. 따라서 산소가 방출될 때까지 달의 흙에 열을 가하는 기술을 연구하고 있다. 이 열분해의 장점은 지구에서 어떠한 원자재도 가져갈 필요가 없고, 어떤 특정한 광물을 구할 필요도 없다는 것이다. 그저 땅 위에 있는 것을 채굴해 열을 가하면 되는 것이다.

이 실험을 위해 달의 가상 흙을 만들어 적용해본 결과 가상 흙의 20%나 되는 양이 자유 산소(free oxygen)로 변환되었다고 추정한다. 나머지는 산소 농도가 낮고 금속 성질이 강하며 때로는 유리 같은 물질인 '슬래그'이다. 지금은 슬래그를 방사선 차단재, 벽돌, 예비 부품 또는 도로 포장재 같이 유용한 제품으로 변형시키는 방법을 찾아내기 위해 연구하고 있다.

슬래그

달 기지

 **항해 - 레이저 발사로 달 표면 조사**

달탐사 로버를 타고 달의 거친 표면을 몇 km씩 여행하는 모습을 상상해 보자. 임무는 얼음이 묻혀있을 것으로 여겨지는 크레이터를 탐사하는 일이다.

사방에 펼쳐진 회색 땅은 대체로 비슷해 보인다. 로버의 디지털 지도에서 크레이터가 있을 것이라고 알려준 곳에 도착하지만, 그곳에 크레이터는 없다! 그 즉시 지도가 틀렸다는 것을 알아차리게 된다. 크레이터의 실제 위치는 틀림없이 약간 다르겠지만 얼마나 다를까? 1km? 10km? 방향은 어느 쪽일까? 임무는 실패다.

이는 하나의 이야기에 불과하지만 달 탐사를 위해서는 달의 지형을 정확하게 나타낸 지도가 필요하다는 것을 알려준다.

이는 화성과 그 너머를 향한 중요한 단계이다. 사실상 지구의 뒷마당이라고 할 수 있는 달에서 우주 비행사들은 외계에서 사는 방법을 배울 수 있다.

그러나 현재의 달 지도는 그리 정확하지 않다. 일부 지역, 예컨대 아폴로호 착륙 지점 근처는 크레이터와 산등성이의 위치가 잘 알려져 있다. 달 궤도선과 아폴로의 우주 비행사들이 이들 사진을 광범위하게 찍었기 때문이다. 그러나 달 표면의 상당 부분은 개략적으로만 알려져 있다.

이를 해결하기 위해 정확도가 높은 레이저 고도 측정기를 보내 달의 궤도를 돌면서 달 표면의 3차원 지도를 만들 계획이다. 이 지도가 완성되면 지구의 일부 외딴 곳보다 달의 외형을 더 잘 알게 될 것이다. 이 레이저의 이름은 루나 오비터 레이저 고도 측정기(Lunar Orbiter Laser Altimeter)의 약자인 "LOLA"로 명명했다. 빛이 달 표면에 도달했  다가 돌아오는 시간을 측정함으로써 LOLA는 왕복 거리를 계산할 수 있다.

아래 사진은 1990년대 후반에 MOLA(Mars Orbiter Laser Altimeter, 화성 궤도선 레이저 고도 측정기)가 만들어낸 화성의 화산이다.

올림푸스 몬스(Olympus Mons)의 3차원 지도 MOLA의 가까운 친척인 LOLA는 달에 대한 비슷한 모습을 만들어낼 것이다.

의료 - 달의 먼지를 마시지 마라

인간이 달에 들렀다가 화성으로 여행을 떠날 때에는 숨 쉬는 것을 조심해야 할 것이다.

다음 실제 일어난 이야기를 들어보자. 1972년, 아폴로 우주 비행사 해리슨 슈미트는 달 착륙선인 챌린저호 안에서 공기를 들이마시고는 "여기 공기가 마치 화약 같군."이라고 말했다. 지휘관이었던 진 서넌도 동의했다. "음, 맞아. 그렇지 않아?" 이 두 우주 비행사는 평온의 바다 근처, 타우루스-리트로 계곡 주위를 한참 동안 월면 보행하고 막 돌아온 참이었다. 우주선 입구에 먼지투성이 발자국이 찍혔다. 그 먼지가 공중에 떠서 냄새를 풍긴 것이다. 이후 슈미트는 코막힘 증상을 느꼈고 미열을 호소했다. 그의 증상은 그 다음 날 사라져 아무런 피해도 없었다. 슈미트는 곧 지구로 돌아왔고 이 일화는 역사 속으로 사라졌다.

그러나 러셀 커슈만은 절대 잊지 않았다. 그는 NASA 에임스 연구 센터에서 광물의 먼지가 사람의 건강에 끼치는 효과를 연구하는 병리학자이다. NASA는 현재 다시 달과 화성에 사람들을 보낼 계획을 세우고 있다. 둘 다 먼지가 많은 곳이다. 그것도 굉장히 많다. 커슈만은 그 먼지를 들이마시면 우주 비행사들에게 좋지 않을 것이라고 한다. 진짜 문제는 폐이며, 달의 먼지는 규폐증이라는 심각한 질병을 유발할 수도 있다고 설명한다. 규폐증은 광부 수백 명이 겨우 몇 달 동안만 먼지에 노출되었을 뿐인데도 미세한 석영 먼지를 마신 지 5년 이내에 사망한 사건으로 처음 대중에게 널리 알려졌다. 우주 비행사들에게 이러한 일이 반드시 일어나지는 않겠지만, 이는 우리가 알고 대처해야 하는 문제이다. 규폐증의 주원인인 석영은 화학적으로 유독하지 않다. 먹어도 해가 없을 것이지만 석영이 분쇄되어 작은 먼지 입자로 바뀐 것을 폐로 들이마시게 되면, 점액이나 기침으로도 이 폐의 먼지를 제거할 수가 없다. 급성 규폐증은 폐가 혈액 속의 단백질로 가득 찰 수가 있는데, 이 경우 폐렴과 비슷한 증상으로 마치 환자가 천천히 질식사하는 것과 같다. 석영과 같은 달의 먼지는 유독하지 않다. 그러나 달의 먼지는 거울을 가루로 으깬 것과 같이 매우 미세하고 거칠다. 우주 비행사들은 수차례의 아폴로 임무를 통해 달의 먼지가 어디에든 달라붙고 또 이를 없애는 것이 거의 불가능하다는 사실을 알게 됐다. 즉, 일단 달 착륙선에 묻혀오면 먼지 일부가 쉽게 공기 중으로 날아가 폐와 눈을 괴롭히게 된다.

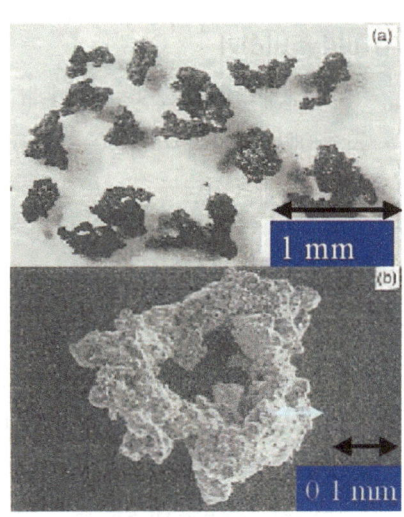

현미경으로 본 달 먼지

화성의 먼지는 상태가 훨씬 더 나쁠 것이다. 기계에도 좋지 않을 뿐만 아니라, 아마 화학적으로도 유독할 것이다. 화성은 그 표면이 대부분 산화철(녹)과 기타 광물의 산화물로 구성되어 있기 때문에 붉은색을 띤다. 일부 과학자들은 화성의 먼지 흙이 아주 강력한 산화제와 같아서 플라스틱, 고무, 또는 사람의 피부와 같은 것에 화상을 입힐 수도 있는 것으로 의심하고 있다.

어떤 과학자는, 화성의 흙을 피부 위에 가져다 대면 화상 자국이 남을 것이라며, 화성에서 흙 표본을 가져온 적이 없기 때문에 아마도 흙이 매우 거칠 수 있을 것이라고 말한다.

더욱이 패스파인더 임무에서 수집한 자료에 따르면, 화성의 먼지는 독성 금속을 미량 포함하고 있을 수도 있다. 먼지 문제는 폭풍이 화성의 극지방에서 적도까지 뒤덮는 동안 특히 심각할 것이다. 먼지는 공기 사이로 퍼져 틈이란 틈에는 모두 들어간다. 우리가 숨을 곳은 전혀 없다. 이러한 위험요소를 줄이기 위해 먼지가 묻지 않게 하는 박막 코팅, 진동에 대한 정전기 기술 또는 우주복에서 먼지를 제거하는 기술 등을 연구하게 된다. 달과 화성에 매우 중요한 이러한 기술들을 개발하여, 모서리가 날카롭거나 독성이 있는 먼지로부터 사람들을 보호하게 될 것이다.

우주로 향해 있는 길은 놀라울 정도로 먼지가 많지만 커슈만은 먼지 문제가 해결될 거라고 말한다.

조사활동 안내

1 미리 준비하기
- 각 주제에 맞추어 학생들이 선택하도록 하거나, 팀을 나누어 주제를 주도록 한다.
- 각 팀에서 전달하는 역할을 하는 학생을 선정한다.
- 각 팀에 해당 자료들을 나누어 준다.

2 작업 1 활동하기
- 각 전달학생에게 작업 카드 1을 나누어 준다.
  그 학생들이 다른 팀원들에게 작업 내용을 읽어주도록 한다.
- 팀에게 주어진 주제와 해야 할 일, 또 해당 주제가 전체 작업에서 어떤 부분을 차지하는지 알 수 있게 한다.
- 20분 정도 작업을 완수한 후 자기가 알게 된 내용을 다른 팀원들에게 설명한다.
- 교사는 학생들이 작업을 하는 동안 각 팀의 진행 상황을 점검하고 필요한 경우 도움을 준다.
- 이 작업이 끝나면 팀의 활동 내용을 발표한다.

3 작업 2 활동하기
- 전달학생에게 작업 카드 2를 나누어 주고, 내용을 팀원들에게 읽어주게 한다.
- 활동의 이유를 알게 하고 30분 간 활동하게 한다.

4 조사활동 모으기
- 각 팀의 조사 결과를 칠판에 붙이고 각각 발표하게 한다.
- 다른 팀의 발표를 듣고 서로 질문, 응답하게 한다.
- 완성된 달 기지 계획에 대한 전반적인 토의를 하게 한다.

 달 기지

 생태계 조사하기

  달에서 인간이 살 수 있는 여러 가지 조건 중에서 생태계와 먹이그물에 대해 조사한다. 또한 수집한 정보를 활용하여 달 기지에서 생태계가 계속 유지될 수 있도록 계획을 세워 본다.

학습목표
달에서 살 수 있는 생태계를 조사하고 계획을 세울 수 있다.

 해당학년 : 5~6학년    소요시간 : 80분

이것이 필요해요
색칠도구, 가위, 테이프, 자, 작업카드, 먹이그물 그림, 생물카드 등

 핵심단어

생태계 : 생물적 요소와 비생물적 요소가 서로 상호 작용을 통해 균형과 조화를 이루고 있는 것
먹이 그물 : 먹이 연쇄가 여러 개 얽혀서 마치 그물처럼 보이는 것
생산자 : 살아가는 데 필요한 양분을 스스로 만드는 생물
소비자 : 필요한 양분을 스스로 만들지 못하고 식물이나 다른 생물을 먹이로 살아가는 생물
분해자 : 곰팡이와 미생물처럼 죽은 생물을 썩게 하는 것
유기물 : 생명체에서 나온 물질

작업 카드 1 — 생태계 조사하기

생태계의 구성 요소는 무엇이 있나요?
달 기지에는 어떠한 생태계를 만들 계획인가요?

 해야 할 일

1. 먹이 그물 그림을 관찰하고, 생산자, 소비자, 분해자로 구별해 봅시다.
2. 달 기지에 어떠한 생태계를 만들지 다음을 고려하여 정해봅니다.
   생태계를 무엇에 사용할 건가요? 가축으로 사용할까요, 산소를 만드는데 쓸까요?
   아니면 다른 목적으로 사용할까요?
3. 달 기지에 설계할 생태계의 종류를 발표해 봅시다.

작업 카드 2 — 생태계 조사하기

생태계를 만들기 위해 달에 가져갈 것은 무엇일까요?

 해야 할 일

1. 생물 카드에서 그림들을 잘라냅니다.
2. 오려낸 그림을 생산자, 소비자, 분해자로 정리합니다.
3. 그 중에서 생태계에 필요한 생물들을 고릅니다. 화살표 그림을 사용하여 먹이그물을 완성합니다.
   비어있는 곳에는 필요한 생물들을 그려 사용합니다.
4. 먹이 그물이 다 완성되었으면 큰 종이 한 장에 나열하고, '달 기지의 생태계'를 위한 공간으로 사용합니다.
5. 생태계 내의 생물과 이들을 선택한 이유를 발표합니다.

그림 생태계 조사하기

먹이 그물

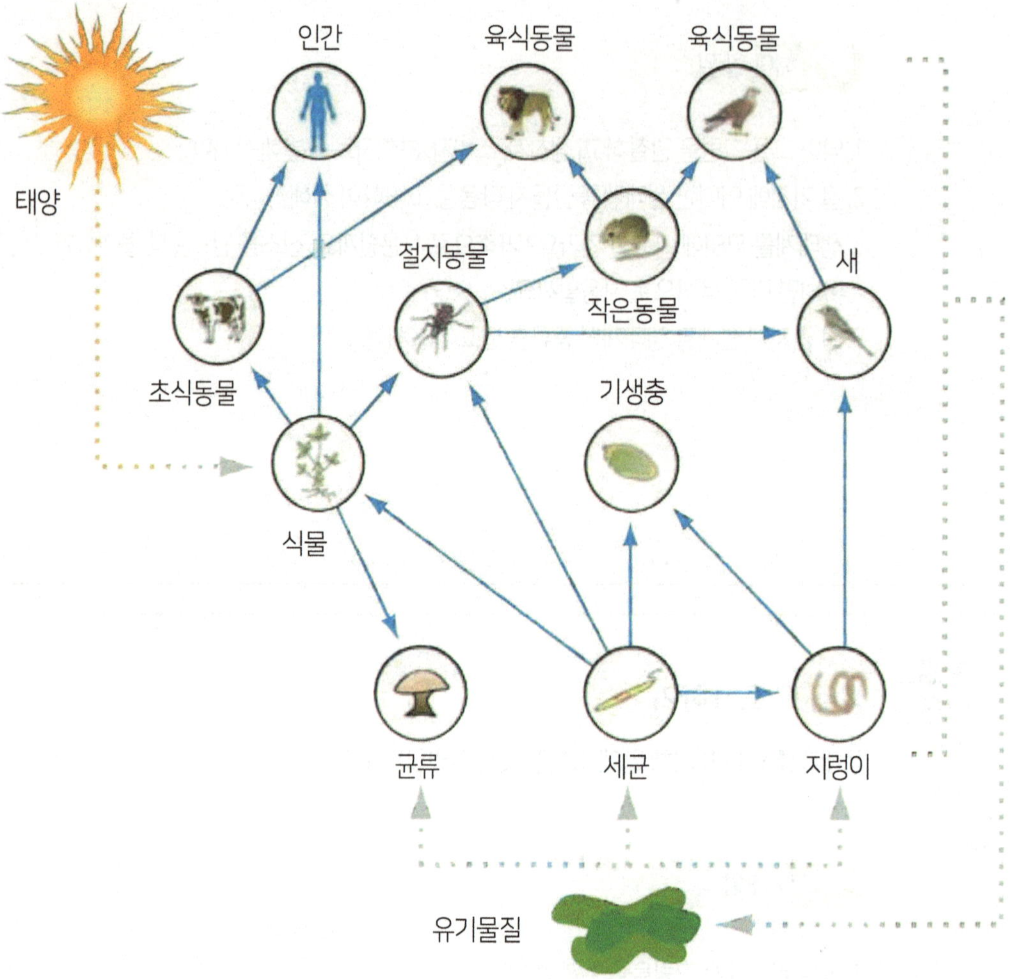

(태양 → 식물 → 초식동물/절지동물/작은동물/기생충 → 인간/육식동물/새; 식물 → 균류/세균/지렁이 → 유기물질)

생산자
생산자는 태양에서 에너지를 얻고 흙에서 영양분을 얻는 식물이다.

소비자
소비자는 무언가를 섭취함으로써 에너지를 얻는다.
소비자에는 생산자를 먹는 1차 소비자와 다른 소비자를 먹는 2, 3차 소비자가 있다.

분해자
분해자는 생물을 분해하는 균류, 박테리아 등이다. 식물이 다시 사용하도록 흙으로 돌려 보낸다.

생물 카드 생태계 조사하기

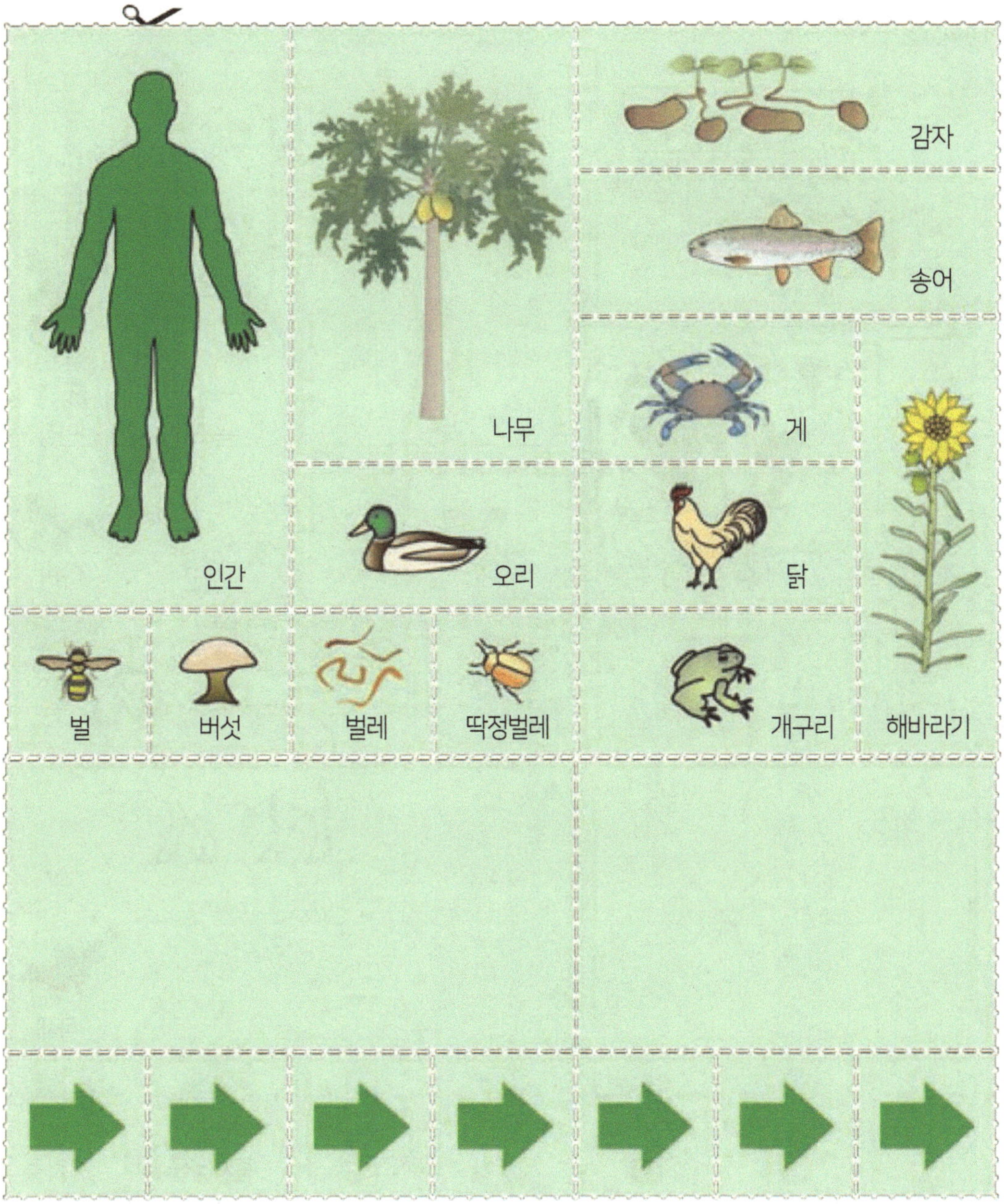

인간	나무	감자
		송어
		게
	오리	닭	해바라기
벌	버섯	벌레	딱정벌레	개구리

→ → → → → → →

생물 카드 — 생태계 조사하기

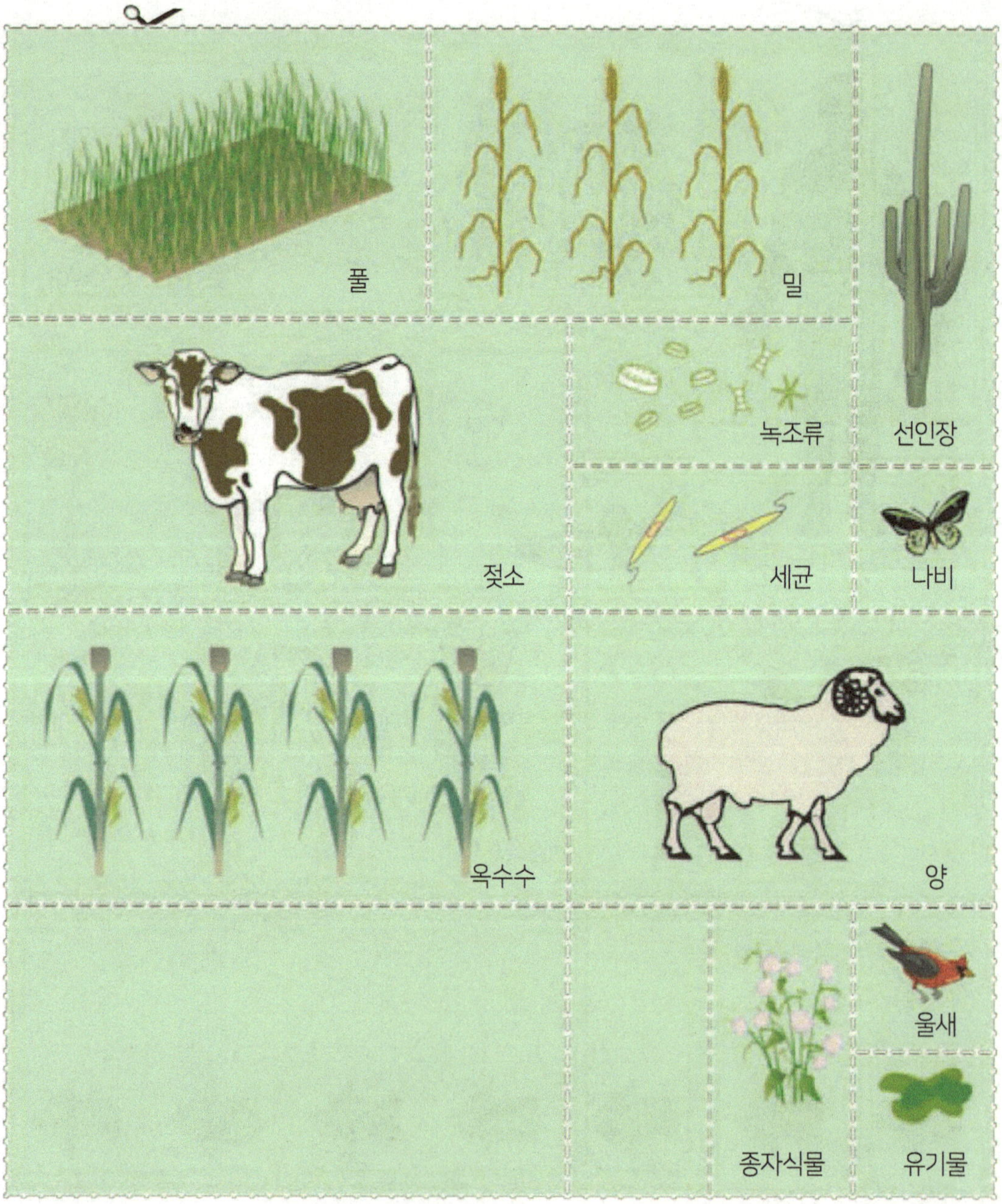

풀	밀	선인장
젖소	녹조류	나비
	세균	
옥수수	양	울새
	종자식물	유기물

초등용 우주탐사
고사용

거주지 조사하기

달에서 인간이 살 수 있는 여러 가지 조건 중에서 인간이 지낼 수 있는 공간을 조사한다. 지구에서의 생활을 자세히 떠올려보고 달에서 지낼 수 있는 주거 공간을 설계하는 활동이다.

학습목표
달에서 인간이 지낼 수 있는 주거지를 조사할 수 있다.

 **해당학년 :** 5~6학년　　 **소요시간 :** 80분

이것이 필요해요
색칠도구, 자, 작업카드 등

핵심단어

달 기지 : 달에 인간이 살 수 있도록 만든 거주지
거주지 : 살고 있는 장소
여가 : 일이 없어 남는 시간

달 기지

작업 카드 1 — 거주지 조사하기

달 기지에서 인간이 살아가는데 가장 필요한 것은 무엇일까요?

 해야 할 일

1. 달 기지에서 인간이 살아가려면 어떠한 것이 필요한지 토의하여 봅시다.
   - 생활을 하려면 어떤 공간이 필요할까요?
   - 달에서는 어떤 일을 하게 될까요?
   - 남는 시간에는 무엇을 하며 즐기고 싶나요?
   - 건강하게 지내려면 무엇이 필요할까요?
   - 재활용과 쓰레기를 관리하기 위해서는 어떤 시설이 필요할까요?
2. 필요한 시설들을 분류하고 큰 종이에 기록합니다.
3. 달에서 일하며 생활하기 위해 필요한 공간은 무엇이 있는지 발표합니다.

작업 카드 2 — 거주지 조사하기

필요한 생활 공간을 만들어 봅시다.

 해야 할 일

1. 작성한 생활 공간 목록을 이용하여 달 기지를 설계합니다.
2. 큰 종이 한 장에 직사각형을 크게 그립니다.
   - 이 직사각형은 달에서 생활할 공간 영역을 나타냅니다.
3. 다음 사항을 고려하여, 자와 색칠도구를 가지고 방과 건물을 그립니다.
   - 자신이 만든 각각의 조건이라면 공간이 얼마나 필요할까요?
   - 그 공간 중 두 가지 목적으로 사용할 수 있는 것이 있을까요?
   - 생태계 팀을 위해 공간의 일부를 남겨두도록 합니다.
4. 설계한 달 기지와 그의 용도, 그리고 설계한 이유를 발표합니다.

항해 조사하기

달의 어느 지점에 우주선이 착륙하는 것이 좋은지, 또 그 우주선에는 어떤 물건들을 실어야 되는지 조사하는 활동이다. 달의 지형적 특징에 대하여 조사하고, 달 기지에 필요한 화물들의 순위를 정하게 된다.

 학습목표

달에 착륙하기 좋은 지점과 달에서 필요한 물품을 선택할 수 있다.

 해당학년 : 5~6학년   **소요시간 :** 80분

 이것이 필요해요

색칠도구, 자, 가위, 테이프, 큰 봉투, 작업 카드, 착륙 지점 지도, 로켓 사진, 화물 목록 카드 등

 핵심단어

화물 : 운반할 수 있는 물품
채광 : 광석을 캐냄
건조 식품 : 오래 저장하고 운반할 수 있도록 바짝 말린 식품
건축 자재 : 건축에 쓰이는 여러 가지 재료

달 기지

작업 카드 1 항해 조사하기

달의 어느 부분에 착륙하겠습니까?

해야 할 일

1. 남극과 타우루스-리트로 계곡의 지도를 관찰하고, 로켓이 착륙할 최고의 장소를 찾습니다.
   안전한지, 자원은 사용할 수 있는지 생각하며 알맞은 장소를 찾습니다.
   장소가 평평한가요, 울퉁불퉁한가요? 아니면 산이 많은가요?
   그 장소의 에너지는 사용가능한가요?

2. 선택한 착륙 지점과 그 지점의 중요한 특징, 사용가능한 자원, 그리고 이 장소를 선택한 이유를 발표합니다.

작업 카드 2 항해 조사하기

달에 어떤 물건을 가져갈 것이며, 화물실에 어떻게 실을까요?

해야 할 일

1. 화물 목록 카드를 꺼내어 달에 가져갈 물건의 우선 순위를 정합니다.
2. 큰 종이에 사각형을 그리고 로켓 화물실 공간을 마련합니다.
3. 화물 카드에서 6가지 그림 세트를 잘라냅니다. 이 카드는 로켓에 실을 수 있는 화물을 말합니다.
4. 우선 순위 목록에 따라 자신에게 가장 필요할 필수품부터 시작하여 화물실에 그림들을 맞춰 넣습니다.
   음식이 1번이라면 음식이 화물실에서 차지하는 비율이 가장 커야 합니다.
   화물을 쌓을 때 빈 공간이 없어야 합니다.
   주어진 그림만을 사용합니다. 크기를 마음대로 조절하지 않습니다.
5. 화물들의 비율을 계산하고 합계가 100%가 되게 합니다.
6. 화물을 쌓은 화물실과 그 화물들을 선택한 이유를 발표합니다.

지도 항해 조사하기

남극

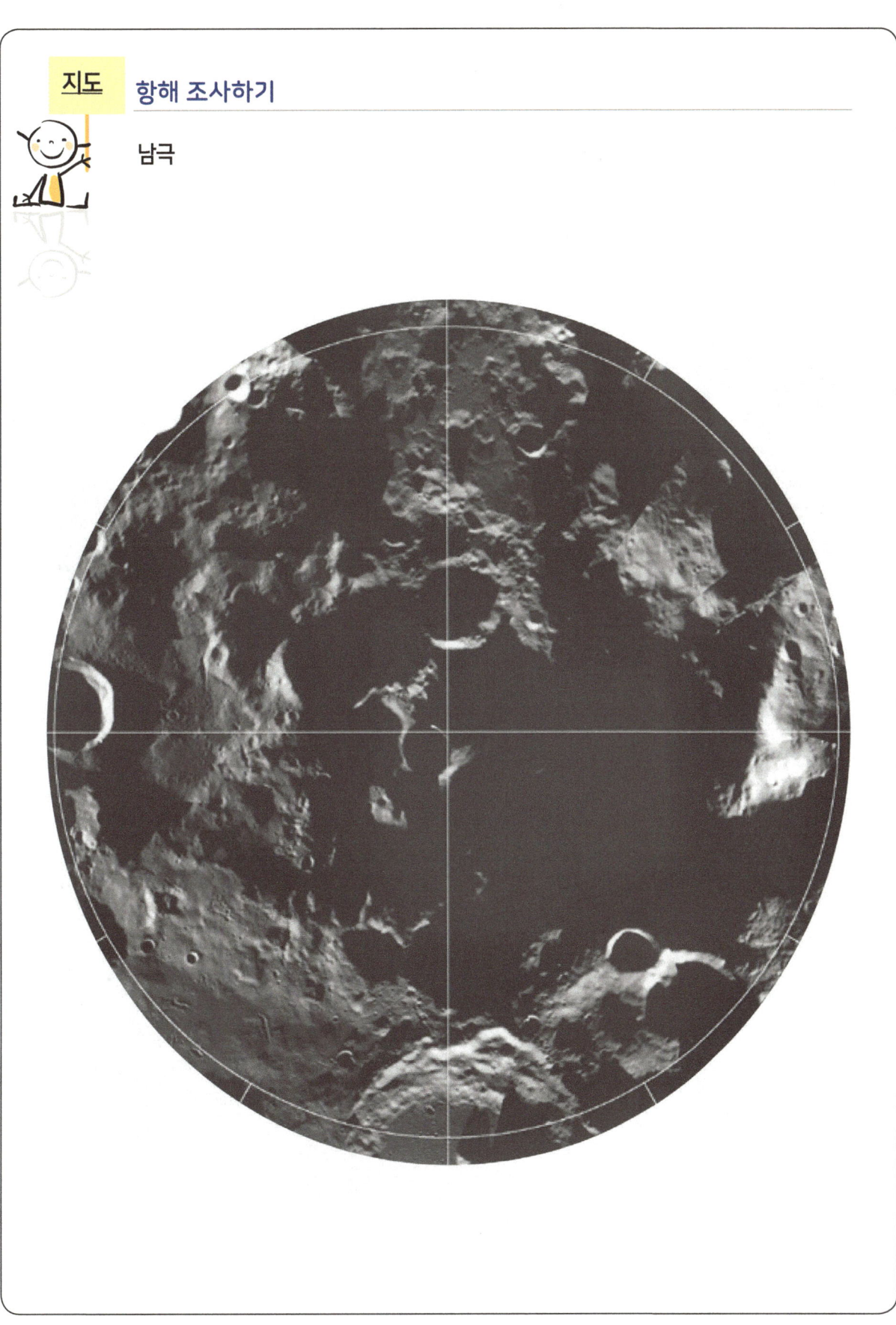

지도 항해 조사하기

타우루스-리트로 계곡

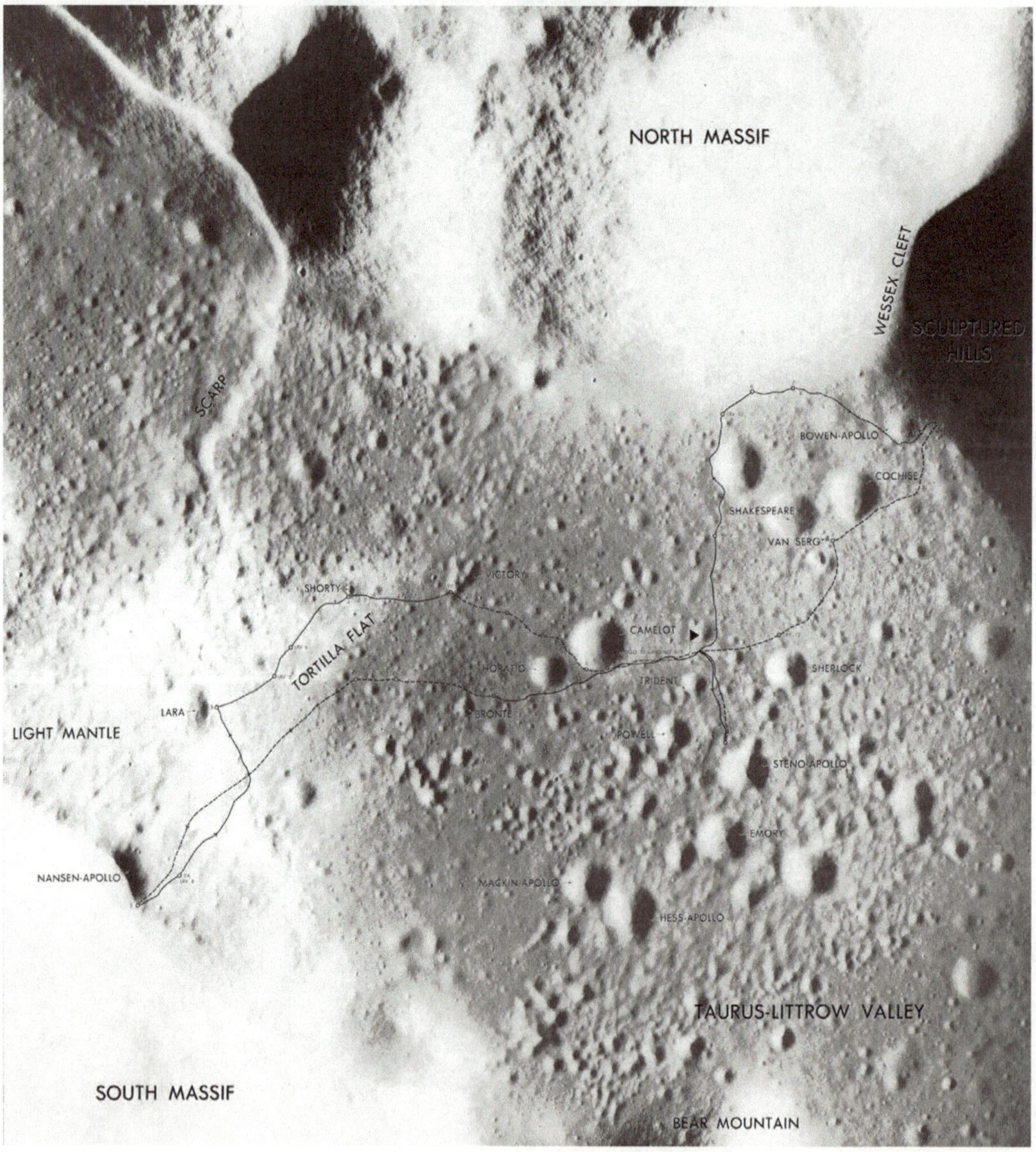

화물 목록카드 — 항해 조사하기

화물 목록

아래에 표시된 것은 공간이 제한되어 있는 로켓 화물실에 실어야 할 6가지 종류의 화물이다. 각 화물의 중요성을 따져서 왼쪽에 1에서 6가지의 순위를 매긴다. 선택한 착륙 지점에서 사용할 수 있는 자원과 생존에 가장 필요한 것, 그리고 달 기지를 건설할 때 필요한가를 생각하면서 우선 순위를 정한다.

화물 그림들을 화물실에 맞춰 넣으면서 우선순위 목록에 맞는지 확인한다. 비율을 계산하면서 우선순위와 맞지 않는다면 다시 싣고 계산한다. 화물실에는 빈 공간이 없어야 한다.

우선순위	화물 종류	화물 비율(%)
	음식 예 : 건조식품, 냉동식품, 캔	
	필수품 예 : 우주복, 의류, 의료도구, 욕실용품	
	생명 유지에 필요한 것 예 : 산소, 물, 공기 여과기, 정수기	
	채광 장비 예 : 삽, 곡괭이, 드릴, 로봇	
	전력 장비 예 : 발전기, 철사, 전선, 콘센트, 전구	
	건설 장비 예 : 전동 기기, 건축 자재, 벽돌	
		총 비율(%)

화물 카드1 항해 조사하기

음식 화물

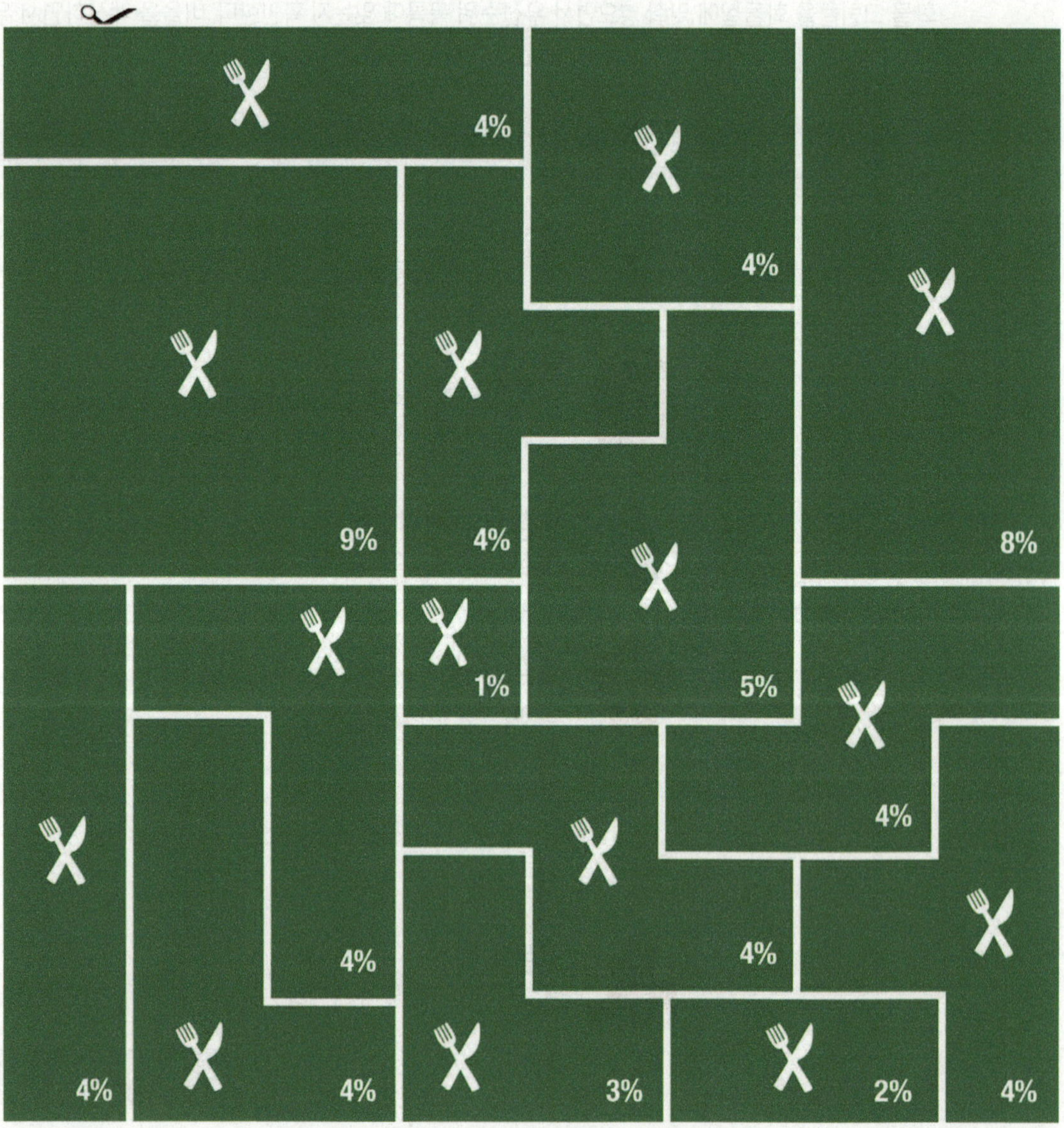

화물 카드2 항해 조사하기

필수품 화물

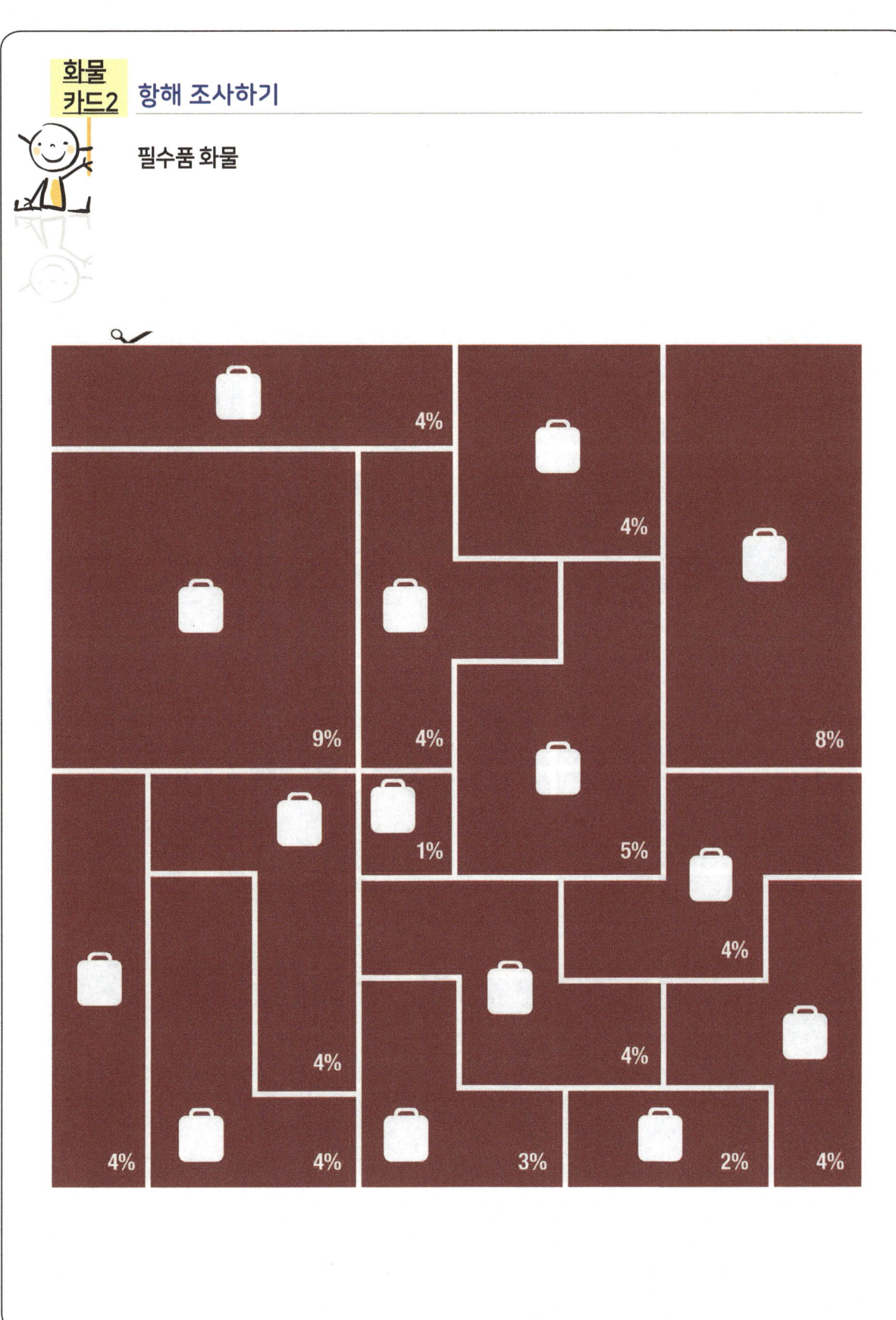

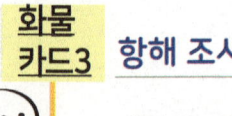 항해 조사하기

생명 유지에 필요한 것

화물 카드 4 항해 조사하기

채광 장비 화물

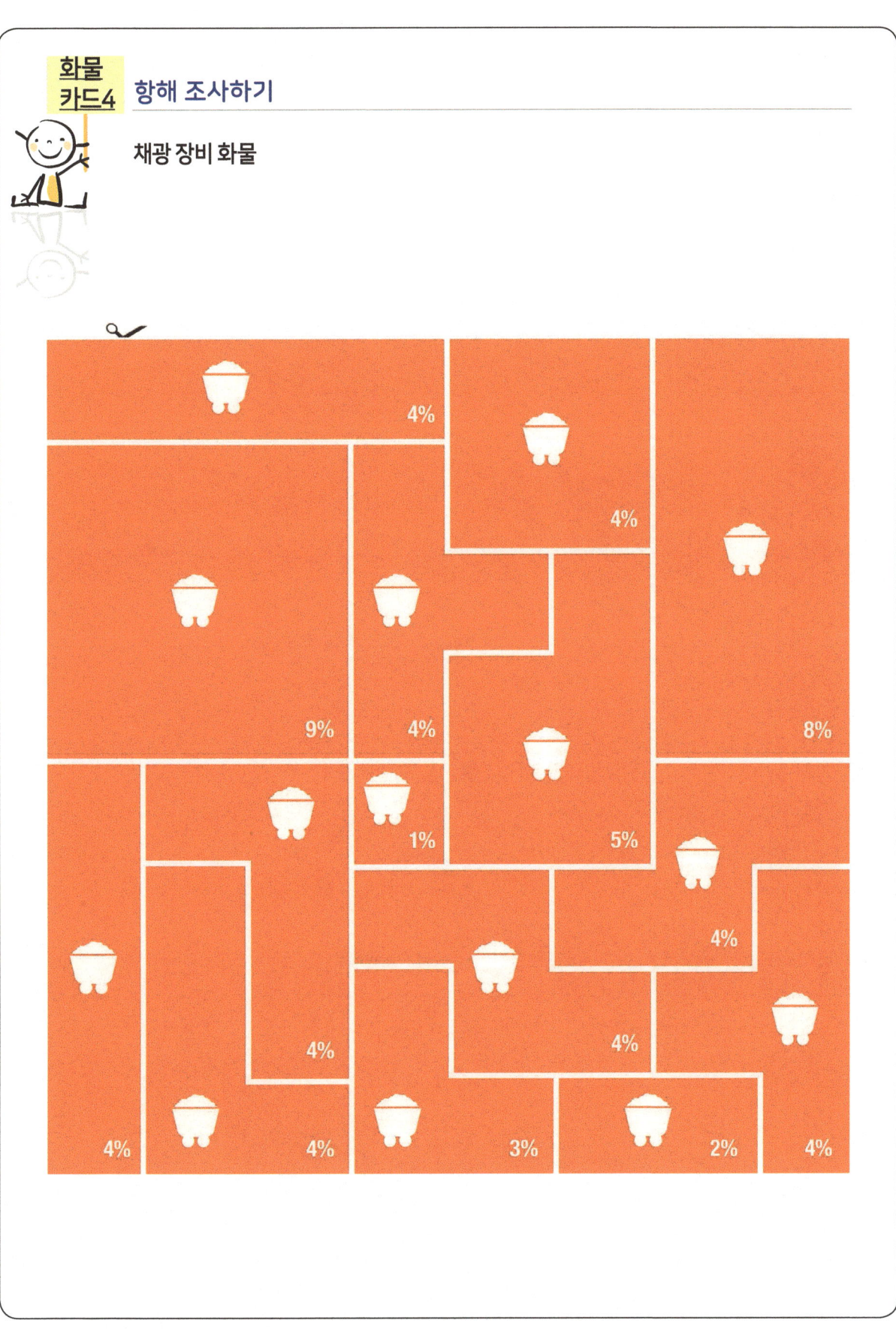

화물 카드5 **항해 조사하기**

전력 장비 화물

화물 카드6 항해 조사하기

건물 장비 화물

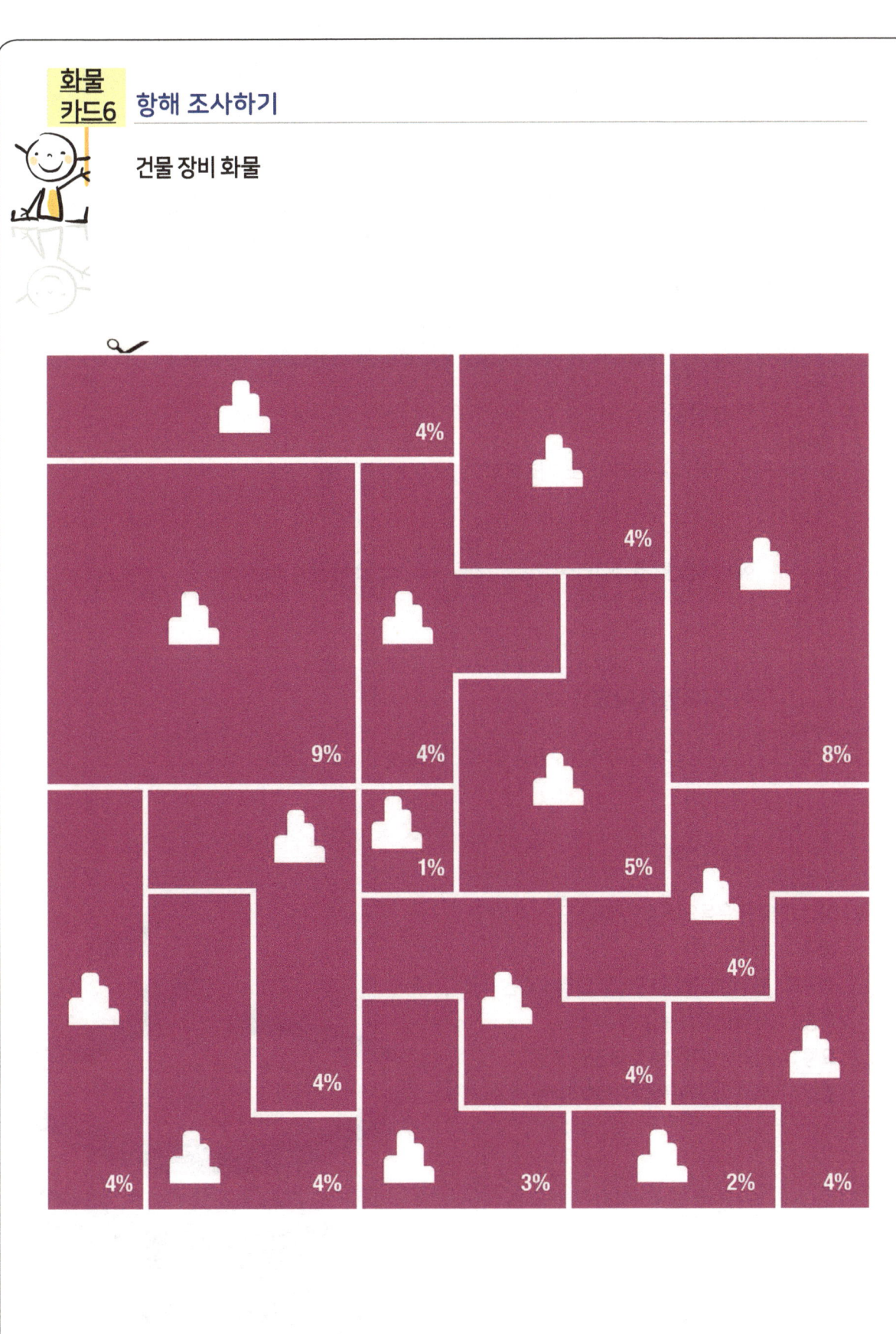

달 기지

의료 조사하기

달에서 인간들이 살다 보면 여러 가지 일들이 일어날 수 있다. 그 중에서 갑자기 발생할 수 있는 응급상황의 종류를 알아보고 치료하기 위한 의료 도구로 어떤 것을 가지고 갈지 조사하는 활동이다.

 학습목표

달에서 필요한 의료 도구를 조사하고, 치료에 필요한 의료 도구를 고를 수 있다.

 해당학년 : 5~6학년  **소요시간** : 80분

 이것이 필요해요

작업 카드, 기본 구급상자 카드, 추가 구급상자 카드, 응급상황 시나리오 카드

 핵심단어

혈관 : 혈액을 온몸으로 순환시키는 관
동공 : 눈동자
적응력 : 일정한 조건이나 환경에 알맞게 되는 능력
이송 : 다른 데로 옮겨 보냄
요통 : 허리와 엉덩이 부위가 아픈 증상
발진 : 피부 주위에 작은 종기가 넓게 나는 증상

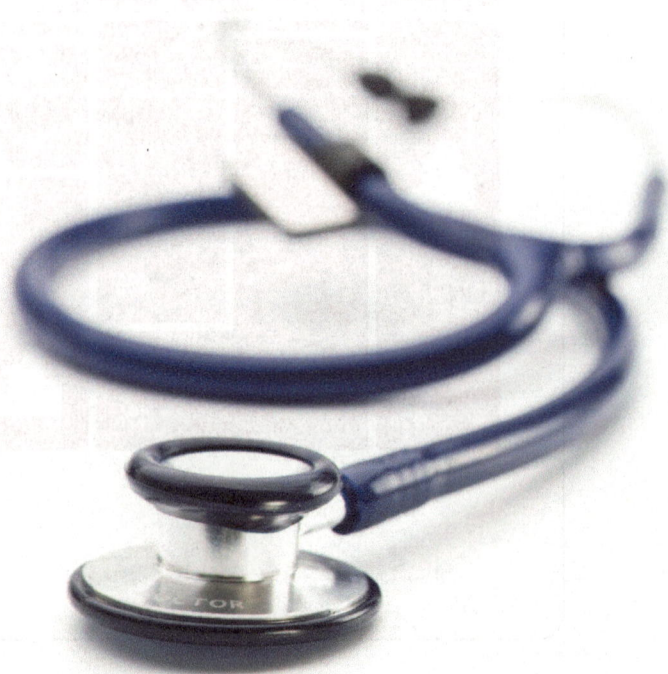

94

# 의료 조사학습

 해야 할 일

1. 달에서 발생할 수 있는 응급상황의 종류를 확인합니다.
2. '기본 구급상자 카드'에서 품목을 확인합니다.
3. '추가 구급상자 카드'에서 품목을 확인하며, 다음 사항을 고려합니다.
   - 응급 상황일 경우에는 각 품목을 어떻게 사용할 수 있나요?
   - 그 사용 용도가 두 가지 이상인가요?
   - 이미 가지고 있는 것으로 대신할 수 있지는 않나요?
4. 나의 구급상자에 추가할 품목을 5개를 정합니다.
5. 기본 구급상자에 포함된 품목과 추가 품목 5개, 선택한 이유를 발표합니다.

# 작업 카드 2 의료 조사학습

달에서 부상당한 사람을 어떻게 치료할까요?

 해야 할 일

1. '응급상황 시나리오' 중에서 카드 하나를 골라 팀원들에게 큰 소리로 읽습니다.
2. 부상자의 증상을 확인하고 의료 응급상황을 설명하는 카드에서 이 증상을 찾아 치료 방법을 확인합니다.
3. 구급상자에서 필요한 품목을 선택합니다.
4. 큰 종이에 치료 방법과 구급상자 품목을 적습니다.
5. 다른 응급상황 시나리오를 골라 반복합니다.
6. 시나리오, 진단 내용, 치료 방법, 구급 품목 등을 발표합니다.

달 기지

 의료 조사학습

기본 구급상자
보호 장갑

- 감염을 보호할 수 있는 개인용 보호 장비
- 피부가 다른 사람의 혈액이나 몸으로부터 나오는 액체와 닿지 않도록 함
- 장갑은 1회용으로, 재사용해서는 안 됨

 의료 조사학습

기본 구급상자
혈압 측정기

- 팔 윗부분에 감고 혈압을 측정하는 데 사용되는 기구
- 혈압은 혈액이 혈관의 안쪽 벽을 미는 힘

 의료 조사학습

기본 구급상자
보호 장갑

- 심장 소리와 숨소리를 비롯해 몸 내부의 다른 소리들을 듣기 위해 사용하는 기구
- 소리를 들으려면 청진기의 머리 부분을, 들으려는 신체 부위에 가져다 댐

 의료 조사학습

기본 구급상자
회중전등

- 빛을 비추어 동공의 반응을 살피는데 사용
- 환자에게는 회중전등이 옆에서 눈을 비추면 앞을 바라보도록 함
- 동공이 빛에 빠르게 반응하면 빛에 대한 적응력이 좋다는 뜻임

의료 조사학습

기본 구급상자
심장 충격기

- 심장이 다시 뛰도록 전기적인 충격을 가하는 장치
- 가슴에 대는 패드와 함께 있음
- 심장마비 환자에게만 사용하여야 함
- 환자가 반응이 없고 호흡과 심장 박동이 없어야 사용가능함

 의료 조사학습

기본 구급상자
흡출기

- 흡출은 질식을 유발할 수 있는 액체를 제거한다는 뜻
- 전자 장치는 환자의 입과 목에서 걸린 물질을 흡출하는데 적합한 진공 상태를 만들어야 함

 의료 조사학습

기본 구급상자
산소

- 호흡을 정상으로 유지시키기 위해 사용됨
- 산소를 공급하기 위한 좋은 방법은 마스크를 사용하는 것으로, 산소는 탱크 안에 압축하여 보관함
- 환자는 흡입할 때마다 보관되어 있는 100%의 산소를 빨아들임

 의료 조사학습

기본 구급상자
구강기도 유지기

- 혀를 목구멍 뒤쪽에서 멀리 고정시켜 숨을 쉴 수 있게 하며, 단단한 플라스틱으로 되어 있음
- 흡출을 하여 호흡을 가능하게 함

의료 조사학습

기본 구급상자
심폐 소생술(CPR)

- 숨을 쉬지 않고 심장 박동이 없는 환자에게 하는 인공 호흡과 순환 방법
- 인공 호흡은 휴대형 안면 마스크를 사용하여 입을 통해 이루어지고, 순환은 가슴을 눌러 시행함

 의료 조사학습

기본 구급상자
휴대형 안면 마스크

- 의사가 들이마신 공기가 환자에게 공급되는 구강 대 구강 요법에 사용됨
- 환자가 내쉰 공기가 상대방에게 들어가지 않게 하는 장치가 있음

 의료 조사학습

추가 구급상자
온도계

- 체온 측정에 사용됨

 의료 조사학습

추가 구급상자
화상 치료 세트

- 화상 응급처치를 위한 기구들이 들어 있으며 병원으로 이송하는 도중에 화상 부위가 생기는 것을 막고 더 이상 감염이 되지 않도록 함

의료 조사학습

추가 구급상자
타이레놀

- 두통, 근육통, 관절염, 요통, 치통, 감기, 열을 치료하는 데 사용됨

 의료 조사학습

추가 구급상자
거즈

- 벌어진 상처를 감싸고 피가 멈추는 것을 도우며 추가 감염을 방지함
- 살균해야 하며, 오염되어서는 안 됨

 의료 조사학습

추가 구급상자
붕대

- 거즈를 제자리에 고정하는데 사용됨
- 살균할 필요는 없지만 깨끗해야 하고 먼지가 없어야 함

 의료 조사학습

추가 구급상자
척추 보호판

- 머리, 목, 몸통, 골반, 팔, 다리를 안정시켜 움직이지 않게 함
- 환자가 움직이지 않도록 하기 위해 긴 판에 솜충전재와 끈을 함께 사용함

 달 기지

의료 조사학습

시나리오
환경적 응급상황

의사들이 동굴에 피신해 있는 한 여성 우주 비행사에게서 호출을 받는다. 이 우주 비행사는 자신의 우주복에 있는 온도 조절장치가 고장 나 내부 온도가 떨어졌다는 사실을 모른다. 그녀는 당황하였고, 헬멧 안에 보이는 얼굴은 부어서 분홍빛을 띤다.
피부도 창백해 보인다. 이 우주 비행사는 1시간 이상 밖에 있은 후 매우 피곤함을 느꼈다고 말한다.

의료 조사학습

시나리오
환경적 응급상황

달에서 건축 임무를 맡은 한 우주 비행사가 외부에서 달 기지를 위한 방사선 차단재 작업을 하던 중 공기 먼지 필터가 고장 났다. 이 때문에 그는 달 먼지를 한 움큼 삼켜버렸다. 그가 마른 기침을 하며 땅을 기어가는 모습을 의사들이 발견한다.
그는 눈이 빨갛고 눈물이 고였으며 숨을 씨근덕거리고 숨쉬기 어려움을 호소한다.

의료 조사학습

시나리오
의료 응급상황

달 기지의 주방에서, 요리사가 새 수프 요리를 맛보고 있다.
곧 그는 숨쉬기가 어려워진다. 얼굴이 선홍색으로 변하고 피부에 발진이 생긴다. 이 요리사가 앉아서 몸을 앞으로 기울인 채 땀을 흘리며 가슴을 움켜쥐고 있는 모습을 의사들이 발견한다.
그는 수프에 사용한 새로운 생체공학적 양념에 알레르기 반응이 일어난 것 같다고 힘겹게 말한다.

의료 조사학습

시나리오
의료 응급상황

달 기지의 안테나를 수리하던 한 여성 기술자가 실수로 넘어져서 10m 아래로 떨어진다. 그녀는 오른쪽 다리 아랫부분의 뼈(대퇴골)가 부러졌다.
그녀가 벽에 기대고 누워 다리를 움켜쥐며 고통에 비명을 지르는 모습을 의사들이 발견한다. 그녀는 창백하고, 호흡 곤란과 구역질을 호소한다.

의료 조사학습

시나리오
부상 응급상황

달의 핵 발전소에서 한 기술자가 실험을 하던 중 손에 화상을 입는다. 의사들은 이 기술자가 앉아서 화상을 입은 손을 위로 들고 있는 것을 발견한다. 손은 빨갛고 피부가 벗겨졌으며 물집이 있다.

이 기술자는 매우 피곤했고 구역질이 났다고 말한다. 그는 앉자마자 토했고 지금 목이 매우 마른 상태이다.

달 기지

의료 조사학습

환경적 응급상황
환경적 응급상황은 환자를 둘러싼 환경 내의 일부 요소로 인해 생기거나 악화되는 상황이다.

응급상황의 유형	응급조치
저온 노출 체온이 낮음 **징후와 증상**: 나른함, 근육 경직, 극도의 피로, 피부색이 붉은색에서 회색으로 변함, 호흡이 빨라졌다가 느려짐	• 가능한 한 빠르고 안전하게 환자의 몸을 따뜻하게 해줌 • 산소를 공급함 • 심장과 혈압을 체크함 • 합병증에 주의, 심장마비가 발생할 경우 심폐소생술 시행
고온 노출 체온이 높음 **징후와 증상**: 근육 경련, 허약, 무기력, 두통, 깊고 가쁜 초반 호흡, 구역질, 피부가 정상보다 낮은 온도 범위에 있고 창백하며 습하고 건조하거나 뜨거움	• 환자를 서늘한 곳으로 옮김 • 산소를 공급함 • 피부가 습하고 창백하고 차갑다면 환자를 서늘한 곳으로 옮긴 후 바람을 일으켜 건조하게 함 • 피부가 뜨겁고 건조하거나 습하다면 환자의 목 양쪽, 겨드랑이 아래, 양 무릎 뒤쪽을 차가운 것으로 꽉 눌러 환자의 체온을 낮춤 • 환자를 눕히고 다리를 올림
먼지 흡입 달의 먼지는 극도로 미세하다. 어디에나 달라붙어서 떼어내기가 힘들다. 먼지를 마시면 코막힘 같은 증상을 유발한다. 달의 먼지는 눈에 염증을 일으킬 수도 있다. **징후와 증상**: 코막힘, 기침, 눈물, 콧물, 재채기, 피로	• 코막힘 완화제 • 산소를 공급함 • 호흡기 감염을 막기 위한 항생제 투여 • 달 먼지에 노출되는 일을 최소화함 • 심장과 혈압을 체크함
방사선병 우주 방사선, 특히 태양풍에서 오는 방사선은 우주 비행이 건강에 미치는 주요 위험요소 중 하나이다. 방사선의 에너지는 세포를 해치거나 죽일 수 있을 정도이며 급성질환부터 장기질환까지 건강에 문제를 유발할 수 있다. **징후와 증상**: 구역질, 구토, 피로, 화상, 짧은 호흡, 두통	• 진통제, 멀미약 • 항생제 • 화상이 있다면 상처 부위를 살균한 마른 거즈로 감쌈 • 산소를 공급함 • 환자의 몸을 따뜻하게 유지함 • 심장과 혈압을 체크함

102

의료 조사학습

의료 응급상황

의료 응급상황은 보통 질병 또는 신체 기능에 영향을 주는 물질로 인해 생기는 상황이다.

응급상황의 유형	응급조치
바이러스 감염 외부 세포가 신체에 침입하여 인간에게 피해를 유발 **징후와 증상**: 피로, 몸의 통증, 목 아픔, 열	• 감염을 최소화함 • 휴식 • 항바이러스제 • 심장과 혈압을 체크함
스트레스 외부의 요구가 개인의 능력보다 클 때 신체 내부의 균형 상태가 변화. **징후와 증상**: 집중 불가, 기억력 문제, 불안, 쉽게 짜증을 냄, 탈출하거나 도망가고 싶은 욕구	• 불안증 치료제 • 산소 • 심장과 혈압을 체크함 • 휴식
알레르기 반응외부 물질 또는 알레르기 항원에 대한 면역 체계의 과대 반응 **징후와 증상(가벼운 알레르기 반응의 경우)**: 가려움, 발진과 두드러기, 코막힘, 눈물 **징후와 증상(심한 알레르기 반응의 경우)**: 삼키기 어려움, 숨쉬기 어려움, 얼굴, 눈 또는 혀가 부음, 가슴이 조여 오는 느낌	• 산소를 공급함 • 약 : 베나드릴 - 경증 반응에피네프린 - 중증 반응 • 심장과 혈압을 체크함
심장마비 심장이 박동을 멈춘 경우 **징후와 증상**: 갑작스러운 무반응, 정상적인 호흡 없음, 박동 없음. 피부, 특히 입술 주위와 손톱 밑에 푸르스름한 색을 보임	• CPR(심폐소생술) 실시 • 심장을 뛰게 하여야 함

의료 조사학습

부상 응급상황
부상 응급상황은 몸에 신체적인 부상이나 상처가 났을 때의 상황이다.

응급상황의 유형	응급조치
근골격 골절 – 뼈가 부러짐 징후와 증상: 통증, 부기, 변색, 변형 접질림 – 인대나 근육의 상처 징후와 증상: 통증, 부기, 멍, 운동성 감소 탈구 – 뼈가 정상적인 위치에서 벗어남 징후와 증상: 통증, 부기, 운동성 감소, 변색	• 부목 고정을 통해 추가적인 움직임을 방지함 • 부기와 통증을 줄이기 위해 냉찜질을 함 • 산소를 공급함 • 척추에 이상이 의심되지 않는다면 상처 부위를 들어 올림 • 심장과 혈압을 체크함
연조직 피부, 근육, 신경, 혈관, 장기의 상처. 징후와 증상: 상처 부위의 부기, 통증, 변색, 외출혈과 함께 피부가 갈라질 수도 있음 충격의 징후와 증상: 불안, 어지러움, 갈증, 얕고 빠른 호흡, 차고 끈적끈적한 피부	• 출혈을 막음 • 추가 부상을 막음 • 감염의 위험을 줄임 • 산소를 공급함 • 심장과 혈압을 체크함 • 충격에 대한 치료: 산소 공급량 유지, 환자를 따뜻하게 유지, 가능한 경우 두 다리를 올림
두부 손상 두개골이 두뇌와 척수 일부를 감싸고 있기 때문에 머리의 손상은 주의를 기울여서 치료해야 한다. 치료가 부적절하면 심각한 결과가 초래된다. 징후와 증상: 혼동, 불규칙적인 호흡, 귀나 코에서 피나 체액이 흘러나옴, 구역질 및 강제 구토	• 머리/목/몸통을 움직이지 않게 함 • 기도를 확보해 그 상태를 유지함 • 산소를 공급함 • 필요한 경우 숨을 막히게 하는 것을 없애야 함 • 긴 판자에 환자를 고정함 • 심장과 혈압을 체크함
화상 화상은 피부 조직을 파괴하고 그 기능을 떨어뜨릴 뿐만 아니라 대부분의 신체 외부 시스템에 충격을 줄 수 있기 때문에 복잡한 부상임 징후와 증상: 화상의 정도에 따라 다양하고 분홍빛을 띤 빨간색의 건조한 피부, 하얗고 습한 피부, 까맣게 탄 피부, 부기, 물집, 통증, 무감각 등이 포함됨	• 화상 요인을 환자에게서 제거하고, 화상 부위가 더 진행되는 과정을 막음 • 기도와 적절한 호흡을 확보함 • 살균한 마른 거즈로 화상 부위를 덮음 • 체온을 유지함 • 산소를 공급함 • 심장과 혈압을 체크함

4. 화성 이야기

 단원 소개

본 단원은 화성의 모습을 보고 화성의 특징을 알게 하는 단원이다. 우주선에서 찍은 화성의 사진을 자세히 살펴보고 그 지형을 알게 한다. 또 지구와 화성의 사진들을 비교하며 비슷한 점과 다른 점을 찾아내게 한다. 살펴본 화성 지형이 생긴 원인을 다양하게 설정하여 실험해 본 뒤 화성을 포함한 여러 행성들 중 한 행성을 선택하여 행성여행에 대한 만화를 창의적으로 그려보도록 한다.

2 주제 안내

순	주 제	대상학년	소요시간
1	화성 사진을 살펴보자	5~6학년	40분
2	지구와 화성은 다를까?	3~6학년	40분
3	화성 지형을 만들어 보자	3~6학년	80분
4	행성을 여행해 볼까?	3~6학년	60분

 지도상 유의점

1차시 화성 사진을 살펴보는 활동에서는 화성 표면의 지명이 다소 어려울 수 있다. 지명보다 지형의 특징에 주안점을 두고 관찰하도록 한다. 화성 지형에서 바람, 물, 충돌하는 물체 3가지의 원인을 제시하였으나 학생들이 더 많은 원인을 떠올렸다면 그에 맞게 실험 장치를 마련하여 증명해 보도록 하는 것도 좋은 방법이다. 장치를 마련할 상황이 되지 않는다면 예상, 실험 설계만 하여도 효과적일 것이다.

화성 이야기

⭐ 4 배경 지식

🪐 화성 우주선

전자레인지 크기만한 우주선이 최근 로켓에 실려 지구와 이웃하고 있는 화성을 향해 발사되면서 지구를 영원히 떠났다. 이 우주선 마스 패스파인더호(Mars path finder)는 너무도 작기 때문에 과학자들이 원하는 만큼 충분한 측정기기를 실을 수 없다. 패스파인더에는 작은 지면 탐사 장치, 카메라, 분광계, 온도, 압력 및 풍향 풍속 감지기 등을 실었다. 내장된 배터리가 다 소모되고 화성 표면에서 얼어붙기 전에 화성 대기의

마스 패스파인더와 소저너

구조, 표면의 날씨와 기상, 지리, 암석과 토양의 형태, 구조 및 성분 등을 조사했다. 이 모든 정보는 과학자들이 화성에 물이 있었는지에 관해 좀 더 자세히 알고 현재 물이 있는지를 알 수 있다.

NASA는 좀 더 자세한 화성 표면 지도를 입수하고 표면 지형을 더 잘 알기 위해 또 다른 우주선인 마스 글로벌 서베이어(Mars global surveyer)를 보내 화성을 조사하기로마스 글로벌 서베이어 결정했다. 마스 글로벌 서베이어는 화성 표면 400km 고도에 떠 있으면서 화성 표면을 자세하게 관찰하고, 다양한 방법으로 화성의 표면을 분석할 첨단 기기도 갖추고 있다.

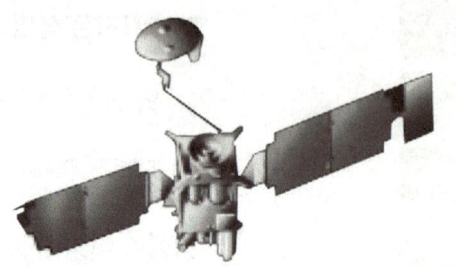
마스 글로벌 서베이어

우주선에는 매일 변하는 화성의 표면 지형을 조사하기 위해 해상도가 낮은 카메라 두 대와 고해상도 카메라 한 대, 화성의 자기장을 조사하기 위한 자력계, 전자 반사계, 화성의 중력장과 지표 아래 질량 분포를 조사하기 위한 무선 시스템, 화성 표면 지형과 전체 형태를 조사하기 위한 레이저 고도계, 표면과 대기에서 나오는 열을 조사하기 위한 열 방출 분광기 등이 실렸다. 마스 글로벌 서베이어 덕분에 과학자들은 표면과 지표를 구성하고 있는 지질조사를 자세히 알 수 있게 되었다. 이러한 정보를 이용하여 화성에 있을 것이라 추정되는 물의 흔적을 확인할 수 있을 것이다. 이 우주선은 이러한 중요한 역할을 할 것이라 보고 있다.

화성의 특징

7개월 간 3억 km를 이동한 끝에 마스 패스파인더는 1997년 7월 4일 화성에 착륙했다. 패스파인더는 화성 대기 구조, 표면 기후 및 기상, 표면 지리, 화성 암석과 토양의 형태, 구조, 성분을 조사할 수 있었다.

화성 대기는 95% 이상이 이산화탄소(CO_2)로 구성되어 있다. 화성에는 기체 분자가 거의 없어서 대기가 희박하고 따라서 대기의 질량이 매우 적다. 조사 결과 다음과 같은 사실을 알게 되었다.

- 마스 패스파인더는 화성 북반구의 위도 N 19.3°(지구의 북회귀선 위도 정도) 지역을 화성의 한여름에 착륙했다.
- 온도는 얼음이 녹는점인 273.16K (0 ℃)까지 되지는 않았다.
- 압력은 오전 6시쯤에 가장 높은데, 이때는 대기가 가장 시원하고 대기의 밀도가 가장 높은 시점이다. 압력은 오후 6쯤이 가장 낮다. 이때는 대기가 가장 따뜻하고 밀도가 가장 낮다.
- 하루 온도가 일시적으로 변동하는 이유는 표면에 있는 공기의 흐름이 그 원인이다. 태양을 향하고 있는 행성의 면이 데워지는 동안 반대쪽은 차가워진다. 따라서 자전하는 행성은 대기의 온도와 압력이 끊임없이 변한다. 해안선을 따라 부는 해풍과 육풍을 통해 온도 변화가 기압과 공기 이동에 어떤 영향을 주는지 생각할 수 있다. 행성의 더운 쪽과 차가운 쪽이 계속 달라지면서 지구의 바다 조류가 계속 변하는 것처럼 행성 표면을 이동하는 열 조류가 생긴다. 그러나 열에 의한 공기의 흐름은 중력이 아니라 열에 의해 형성된다.
- 패스파인더는 겨울에 남반구 지역에 착륙했다. 화성은 태양 주위를 타원 궤도로 공전하고 있기 때문에 남반구가 겨울이 될 때, 북반구가 겨울이 될 때보다 춥다. 따라서 대기에서 더 많은 CO_2가 승화되어 겨울의 남극은 서리로 덮인다. 이렇게 서리가 쌓

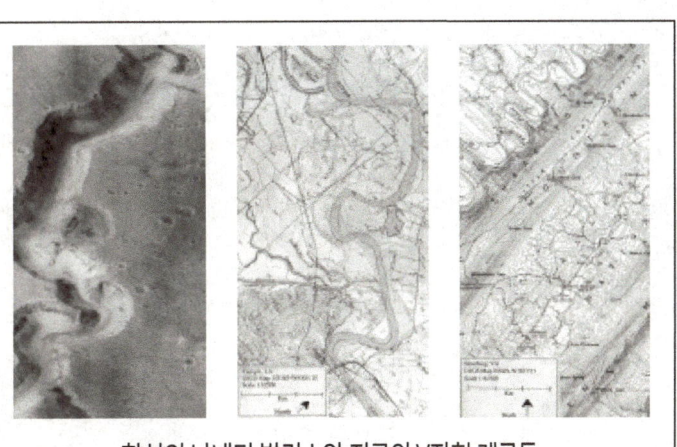

화성의 나네디 발리스와 지구의 V자형 계곡들

이기 때문에 대기에서 기체 CO_2 분자가 사라져 행성 압력이 감소한다. 남반구가 더워지면 CO_2 서리가 다시 대기로 승화되어 압력이 상승한다.

화성에 물이 존재할 가능성이 없다면 설명이 안 되는 현상들이 있다.

즉, 흐르는 물에 의해 표면이 침식되어 나타난 것이 분명한 것으로 보이는 지형을 어떻게 설명할 수 있을까? 대부분의 과학자들은 물이 화성 표면을 흘렀다는 생각에는 동의하지만 흘러간 길이, 흐른 양, 물이 흘렀던 기후 조건에 대해서는 여전히 논쟁 중이다. 화성의 수로, 곡류, 침식 지형 이미지는 물이 흘렀다는 것을 강력하게 시사한다. 지구의 V자형 계곡 두 개와 화성의 굽이치는 강물 계곡처럼 보이는 사진들을 비교하면 화성에 물이 오랜 시간 흘렀다는 것이 증명되는 듯하다. 사진으로 화성에 물이 있었다는 증거가 더욱 완벽하게 제시되는 것이다.

화성의 표면 이미지

 ## 화성 사진을 살펴보자

화성에 관한 사진들을 자세히 살펴봄으로써 화성의 여러 가지 특징에 관심을 갖게 한다. 지구에서 볼 수 있는 여러 자연적 현상으로 인한 지형들이 화성에도 그대로 나타나는지 위성에서 찍은 화성 사진을 보며 질문에 대한 답을 하는 활동이다.

 학습목표

화성의 모습에 관한 사진을 보고 화성에 관심을 가질 수 있다.

 해당학년 : 5~6학년   **소요시간** : 40분

 화성 사진 이야기

사진 1. 화성 반구

화성 표면에서 2500km 떨어진 상공에서 보이는 모습으로, 1976년에 바이킹 1호에서 찍은 102개의 사진을 연결하여 만든 사진이다. 사진 중앙에는 길이가 4800km나 되는 마리너리스 대형 협곡이 있고, 그 밖에 대형 운석이 충돌하여 만들어진 크레이터, 화산 등이 보인다. 왼쪽에 있는 둥근 점 세 개가 화산이다. 높이가 25km이고 지름이 약 350km이다. 이 사진에서는 화성의 대표적인 극관(극에 얼음이 덮여 있는 부분) 두 개가 보이지 않는다.

- 중앙을 가로지르는 지형은 무엇인가요?
- 왼쪽의 원들은 무엇이라고 생각하나요?

사진 2. 희박한 화성 대기

바이킹 1호가 화성 표면에서 높이가 1500km되지 위치에서 찍은 아지르 평원 중심부를 찍은 사진이다. 수평선 위로 보이는 밝은 색으로 보이는 띠가 특히 흥미롭다. 이것은 먼지 폭풍으로 생긴 먼지로 화성 표면에서 25~30km 높이의 대기 속에 연무가 형성된 것이다. 이로써 화성 대기가 얼마나 희박한지 알 수 있다.

- 화성 표면 위 지평선의 선은 무엇인가요?
- 그것은 표면에서 얼마나 높이 있나요? 또 그것이 보이는 이유는 무엇인가요?

사진3. 화성 화산

화성 표면에는 화산이 있는데 모두 사화산이다. 중앙의 화구에서 용암이 흘러나와 화산의 분화구가 만들어졌다. 큰 화산은 높이가 6km이고 작은 화산은 높이 3.5km이다. 둘 다 화성에서 경사가 가장 가파른 화산을 이루고 있다. 두 화산에서 모두 용암이 흐르면서 만들어진 것으로 보이는 수로와 화산 분화구 위에 운석이 충돌하여 생긴 크레이터가 보인다. 왼쪽의 긴 직선 모양은 이 지역의 화산 표면이 위로 볼록해질 때 만들어졌다.

- 화산과 충돌 크레이터 중 어느 것이 먼저 생겼을까요?
- 화산 옆의 물길은 어떻게 만들어졌을까요?
- 이 사진 속의 선들은 무엇 때문에 생긴 걸까요?

사진4. 칸도르 카즈마

이 사진에서는 다양한 과정을 볼 수 있다. 가운데 윗부분은 갈라진 능선이 있는 평원이고, 또 100km 정도 되는 대형 크레이터, 거대한 수로가 있다. 바람에 의해 만들어진 흔적은 과거에 흘렀던 물 흐름과 반대 방향으로 진행된 것처럼 보인다.

- 왼쪽 중앙의 갈라진 틈과 큰 크레이터 중 어느 것이 먼저 생겼나요?
- 아래 중앙의 크레이터와 수로 중 어느 것이 먼저 생겼나요?
- 유체가 흐른 방향은 어디인가요? 지금 유체가 흐르는 것이 보이나요?

사진6. 아레스 협곡

패스파인더 착륙 지점 주변 지역을 찍은 것이다. 현재 화성에 액체 상태의 물이 없지만 지형을 보면 화성 초기에 물이 흘렀다는 것을 알 수 있다. 큰 홍수가 휩쓸고 지나가 눈물이 흐른 모양의 지형이 생겼고, 퇴적물이 많은 매끄러운 평원이 있어 이곳에 패스파인더가 안전하게 착륙할 수 있는 장소로 사용되었다.

- 이 지역에서는 무엇을 알 수 있나요?
- 눈물방울 모양의 지형은 어떻게 생겼을까요?
- 이 지역이 왜 착륙 지점으로 선택되었을까요?

사진7. 아레스 협곡과 크리세 평원

이 사진은 흥미로운 지형이 많이 보인다. 위쪽의 고원인 아레스 협곡에서 2~3km까지 수로가 내려가며 아래쪽의 크리세 평원 대부분을 감싸는 모양이다. 대부분의 수로는 거칠어 보이는 움푹한 땅에서 시작된다. 이것은 얼었던 땅이 녹으면서 땅이 무너질 때 만들어진 화성의 독특한 '카오스'지형이다. '카오스 지형'이 있다는 것과, 많은 수로를 통해 물이 흘렀다는 사실이 흥미롭다. 엄청난 양의 물이 땅을 지나 아래로 흘러가면서 높은 지역의 퇴적물을 운반했을 것이라고 추정하고 있다. 이 수로 입구의 암석에서 나온 퇴적물은 화성에 대한 많은 정보를 주기 때문에 과학자들은 우주선의 착륙지점으로 이 지역을 중요하게 여긴다.

- ❓ 이 지역은 어느 쪽이 높은가요?
- ❓ 수로의 끝에 있는 지역은 왜 이렇게 편평할까요?
- ❓ 이 지역이 우주선의 착륙지점으로 좋은 이유는 무엇일까요?

사진8. 트윈 픽스

패스파인더가 임무를 시작한 지 4일째 되는 날 찍은 것이다. 과학자들은 착륙 지점에서 약 1km 떨어져 있는 언덕 두 개 "트윈 픽스"에 큰 관심을 가지고 있다. 언덕 부분은 층이 있는 것 같고, 왼쪽 언덕의 흰색 부분은, 이 지역을 휩쓸었던 홍수로 인해 생긴 물이 가장 많을 때의 자국인 듯하다. 앞부분에 어지럽게 흩어져 있는 표석은 아마도 얼음이나 물에 의해 아레스 협곡 위쪽에서 운반된 것 같다.

- ❓ 이곳은 지구의 어떤 장소와 비슷합니까?
- ❓ 이와 같은 평원에 바위들이 흐트러져 있을 수 있는 이유는 무엇일까요?

사진9. 마리너리스 협곡과 그 주변 지역

이 지도는 화성에서 가장 두드러진 지형을 나타낸 것이다. 가장 왼쪽에 있는 올림푸스 화산은 높이 약 27km로, 에베레스트산의 3배가 넘으며 태양계에서 가장 큰 화산이다. 또한 마리너리스 협곡은 태양계에서 가장 큰 협곡으로 5000km 이상 뻗어 있는 계곡이다. 화산 주변의 매끈해 보이는 표면은 용암이 흘러 표면을 덮었을 때 생긴 것이다. 과학자들은 지도 오른쪽 하단에 보이는 표면처럼 이 지역에 구멍이 많을 것이라고 본다. 마리너리스 협곡의 동쪽 가장자리에는 고지대의 카오스 지형에서 크리세 평원까지 수로가 나 있다. 1976년 바이킹 1호와 1998년 패스파인더의 우주 비행 때 모두 크리세 평원에 착륙했다.

 화성 이야기

사진10. 오피르 카즈마

패오피르 카즈마는 마리너리스 협곡 북쪽 끝에 있는 협곡 중 하나이다. 그 너비가 약 125km, 길이가 325km, 벽 높이는 약 5km에 이른다. 협곡 위쪽에 있는 고원은 아마도 두껍게 쌓인 용암일 것이며, 단단한 암석층이 협곡 위쪽 가장자리에 가파른 절벽을 만들고 있다. 이 절벽들은 산사태에 약한데 실제로 많은 산사태에 의해 협곡이 넓어졌다.

- 이 협곡에 어떤 일이 일어났나요?
- 평원이 왜 이렇게 평탄할까요?

사진11. 나네디 협곡

화성 잰시 테라 지역에서 구멍이 많은 평원을 가로지르는 화성 계곡 중 하나인 이 나네디 협곡의 사진은 마스 글로벌 서베이어가 찍은 것이다. 이 사진에 찍힌 면적은 9.8×18.5km이며, 12m의 작은 지형도 볼 수 있다. 협곡 넓이는 약 2.5km이다. 사진 위쪽의 협곡 내 절벽으로 끊어진 계단형 모양과 너비 200m의 작은 수로 같은 지형으로 보아 액체가 계속 흐르면서 아래 부분이 깎였음을 알 수 있다.

- 이 협곡에 어떤 일이 일어났을까요?
- 이곳에 물이 흘렀다고 생각하나요? 그 증거는 무엇이라고 생각하나요?

사진12~13. 화성의 남극과 북극

화성의 궤도가 타원이기 때문에 남반구 겨울이 북반구보다 춥고, 남극은 주로 드라이아이스로 구성되어 있다. 반대로 북극은 주로 얼음으로 이루어져 있으며, 화성의 물이 상당량 저장되어 있는 곳으로 여겨진다.

- 이 협곡에 어떤 일이 일어났을까요?
- 이곳에 물이 흘렀다고 생각하나요? 그 증거는 무엇이라고 생각하나요?

사진 1. **화성 반구**

사진 2. 희박한 화성 대기

사진 3. 화성 화산

115

 사진 4. 희박한 화성 대기

사진 5. 카세이 발리스 지형

 화성 이야기

사진 6. 아레스 발리스

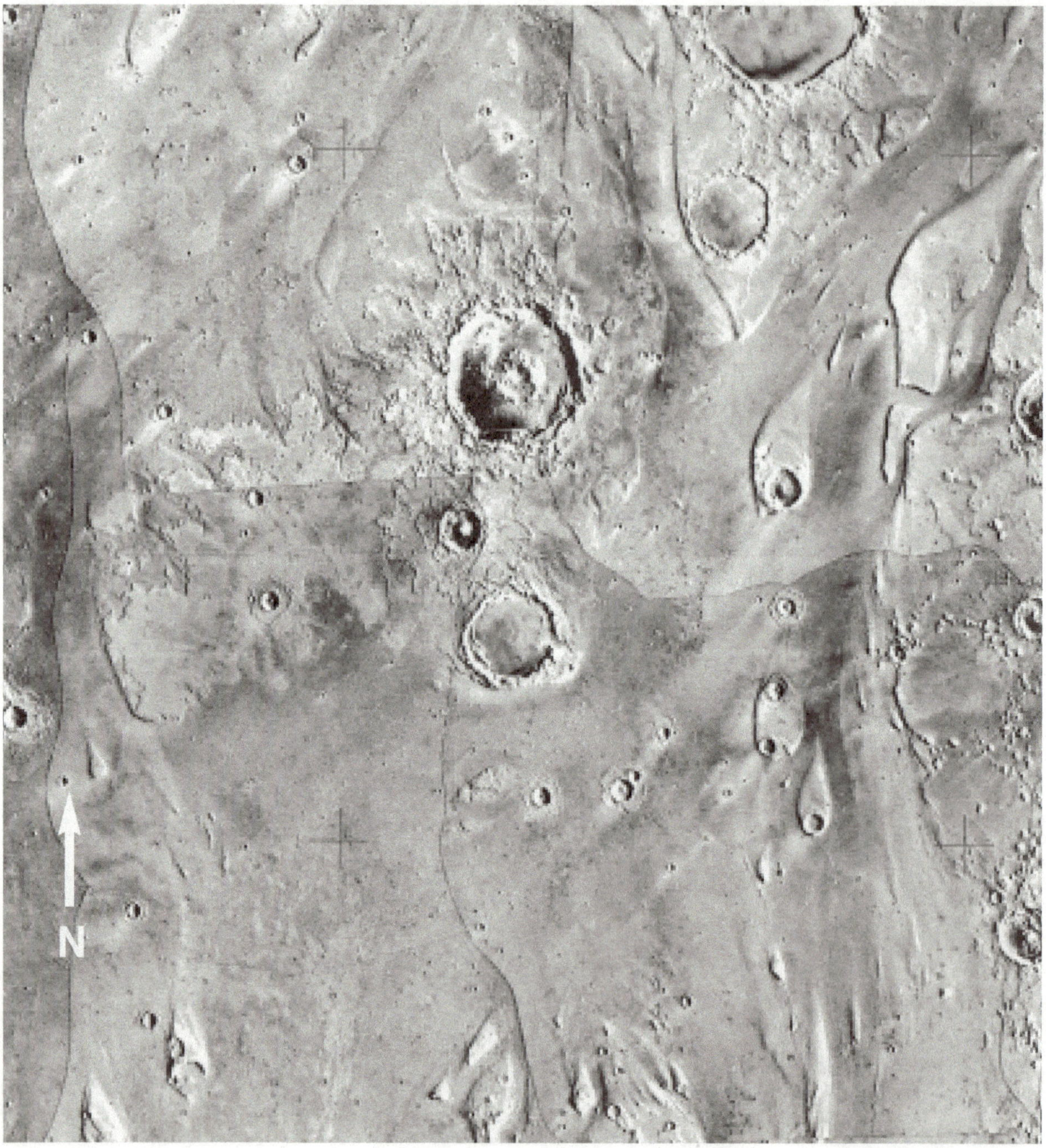

사진 7. 아레스 발리스의 지역 지도

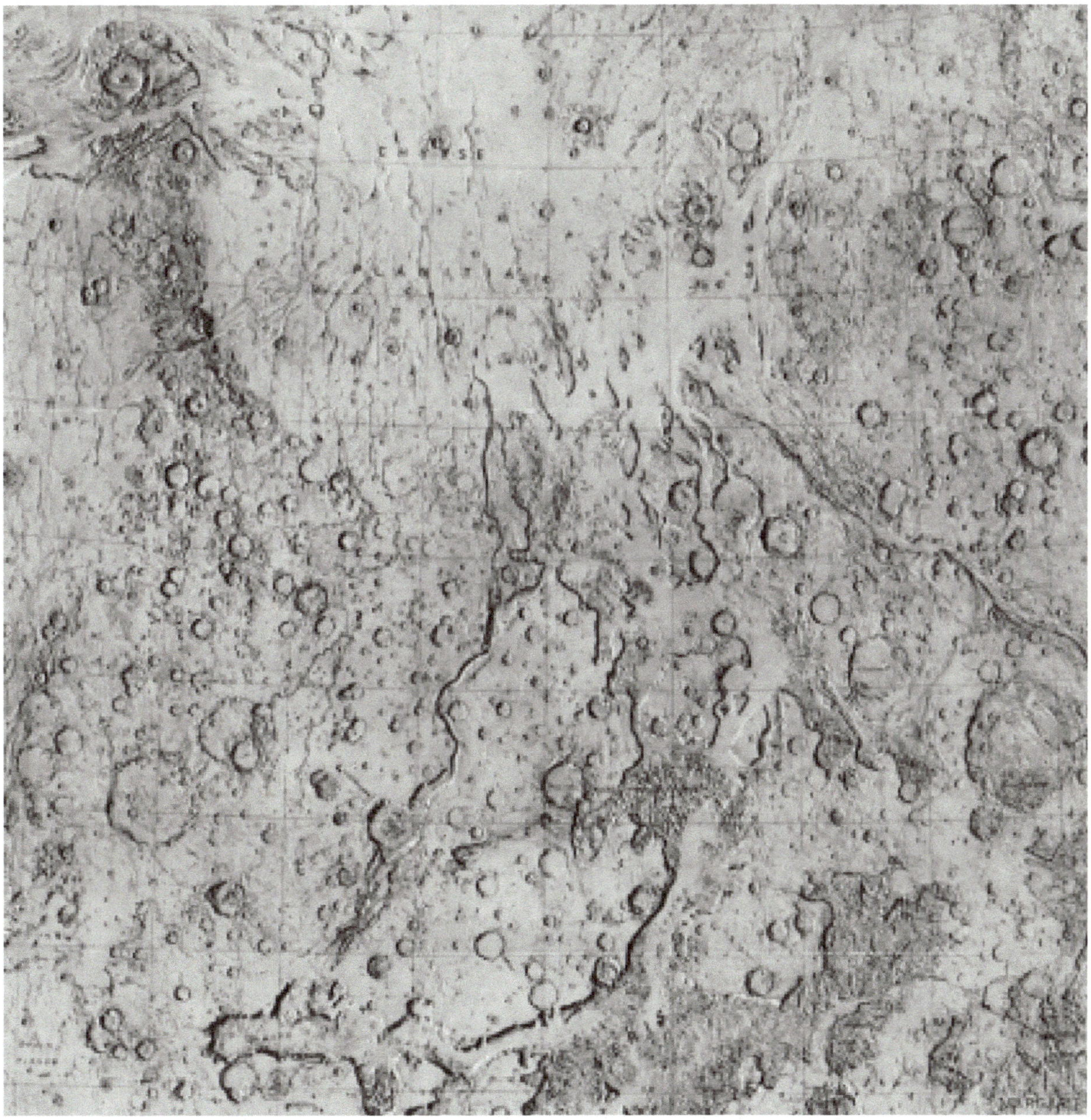

 **사진 8. 트윈 픽스**

사진 9. 발레스 마리너리스와 그 주변 지역

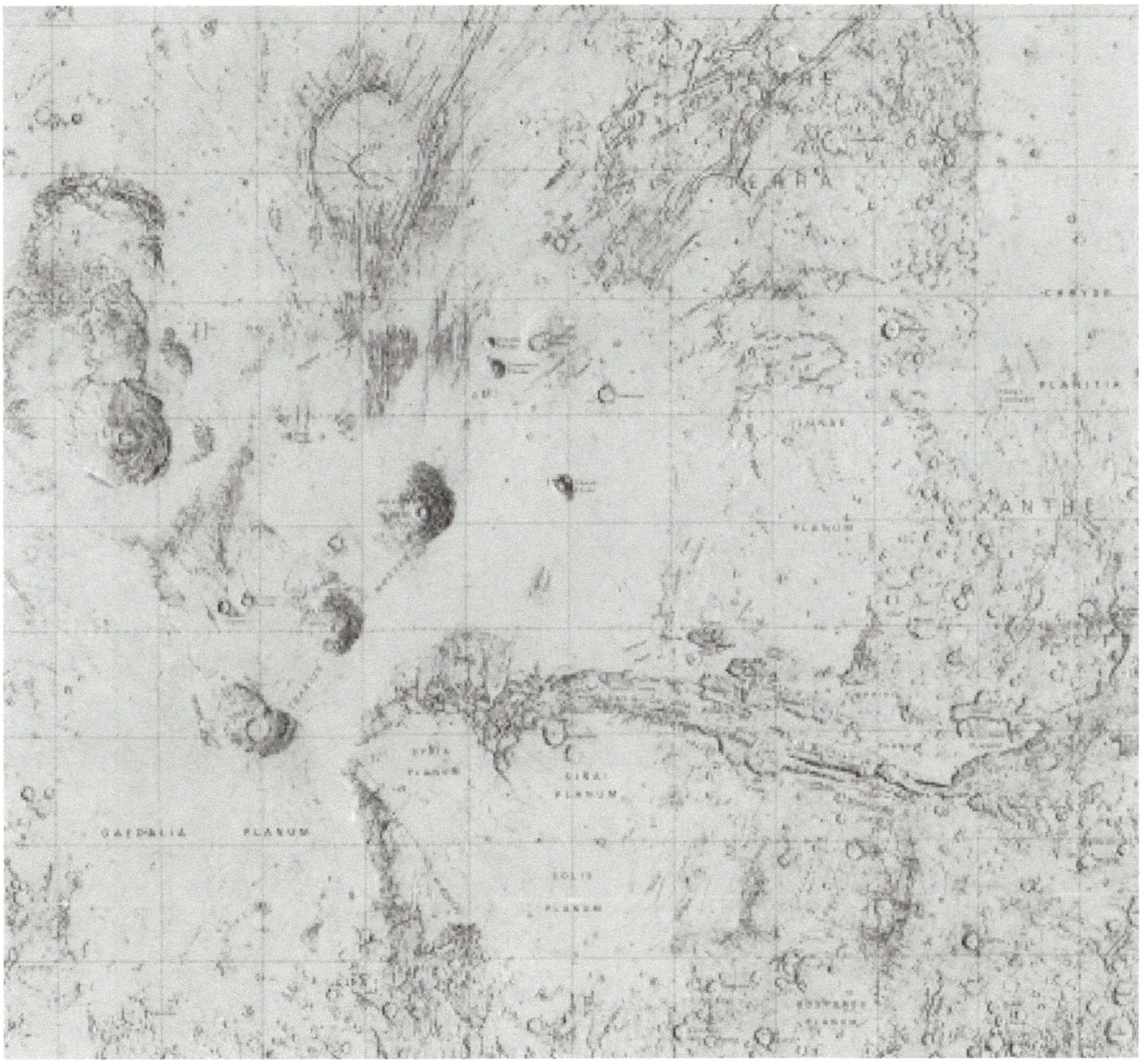

사진 10. 오빌 카즈마

사진 11. 나네디 발리스

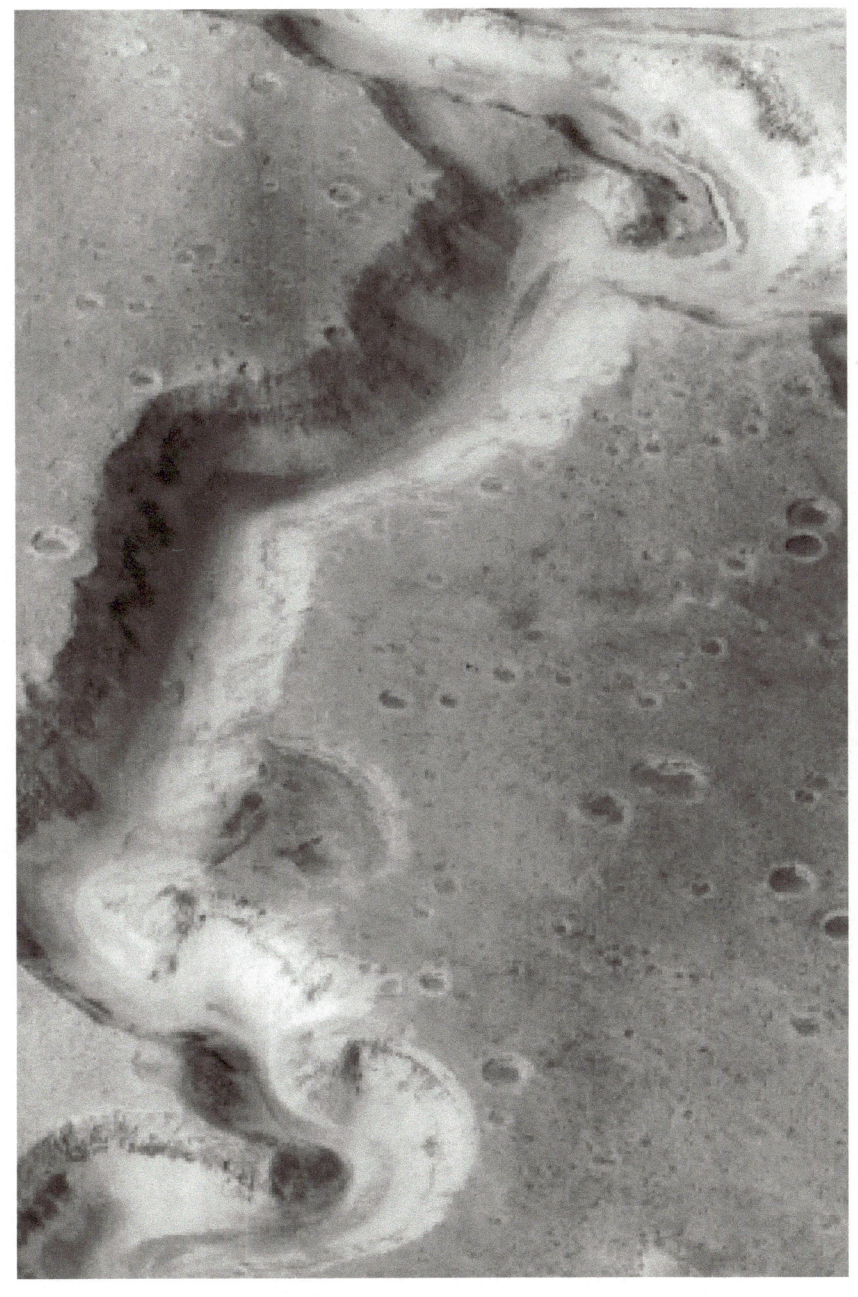

 화성 이야기

 사진 12. **화성의 남극**

124

사진 13. 화성의 북극

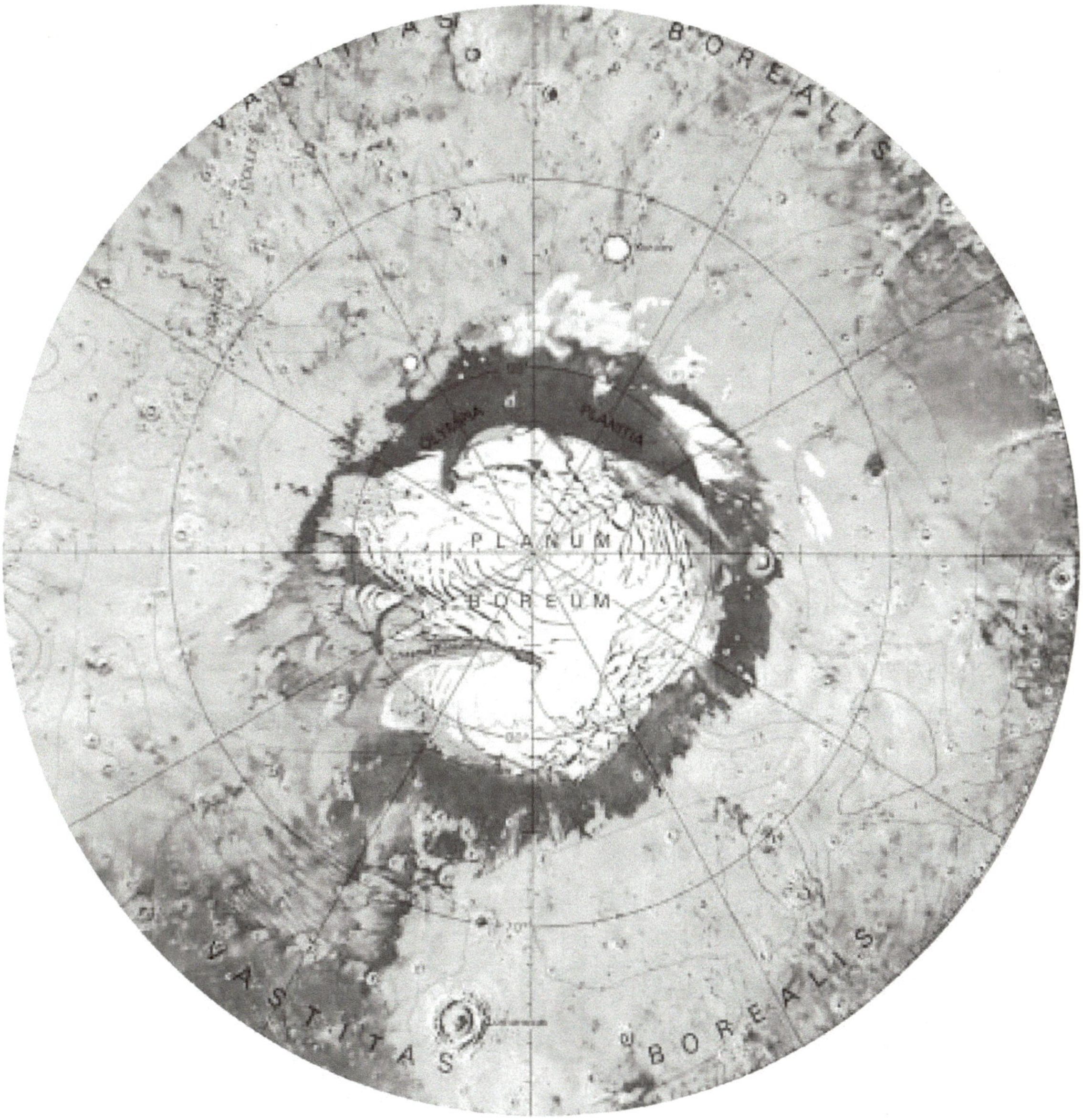

 지구와 화성은 다를까?

과학은 자료를 수집하고 증거를 이용하여 질문에 대답하는 것이다. 학생들은 과학자들이 우주선에서 사진을 분석할 때 하는 작업을 활동하게 된다. 즉, 위성 사진에서 보는 것과 이미 알고 있는 내용을 비교하여 해석한다.

학습목표
지구와 화성 사진을 비교하여 비슷한 지형을 찾을 수 있다.

해당학년 : 3~6학년    소요시간 : 40분

이것이 필요해요
지구 사진 1세트, 화성 사진 1세트, 색칠 도구 등

 활동 내용

1 위성에서 찍은 화성 사진과 지구 사진 비교하기
- 과학자들이 화성을 연구할 때 사진을 이용하는 방법에 관해 각자의 생각을 이야기하게 한다.
- 과학자들은 지구의 지형과 같이 이미 잘 알고 있는 것과 비교하여 화성 사진을 해석한다고 설명한다.

2 과학자들의 사진 해석 방법 사용하기
- 지구 사진 세트와 화성 사진 세트를 팀별로 나누어 주고, 다음과 같이 하도록 한다.
 - 사진 두 세트를 비교하고 비슷한 점을 찾아본다.
 - 두 사진에서 비슷한 지형을 찾았으면 화성 사진 번호와 지구 사진 번호를 적어 둔다.
 - 두 사진에서 비슷한 점에 관해 쓰거나 그린다.

3 발견한 점 토의하기
- 화성에 있는 지형을 어떻게 해석할 수 있었는지를 토의한다.
 학생들의 답을 큰 종이에 기록하고 다음과 같이 질문한다.
 - 화성에서 지구와 비슷한 지형은 무엇인가?

4 지형의 원인 생각하기

- 화성 사진을 다시 보고 화성 표면에 이러한 지형이 생긴 원인과 이유를 생각하게 한다.
- 바람, 물, 지진 또는 화산 같은 힘을 들 수 있을 것이다. 이에 관한 생각들을 기록하게 한다.
- 앞으로 바람, 물, 지진에 관한 실험을 할 예정임을 알려준다.

 **심화학습**

- 지구 사진과 화성 사진을 비교하여 기록할 때 각 사진에 있는 지형의 크기를 계산한다.
  자를 사용해 지형의 크기를 cm 단위로 측정한 후 km로 바꾸어 본다.

 # 지구와 화성은 다를까?

학년   반
이름

1. 과학자들이 화성 사진을 처음 보았을 때 했던 일이 무엇이라고 생각합니까?

2. 과학자들이 사진을 해석하는 방법은 무엇일까요?

3. 지구와 화성의 비슷한 지형이 있는 사진은 몇 번인가요? 그 비슷한 점을 써 봅시다.

화성 사진 세트

사진 1

3km

사진 2

80km

화성 사진 세트

사진 3

1500 m

사진 4

V02163002
Candor
650 550 420
5°S, 283°E

19km

화성 사진 세트

사진 5

100km

사진 6

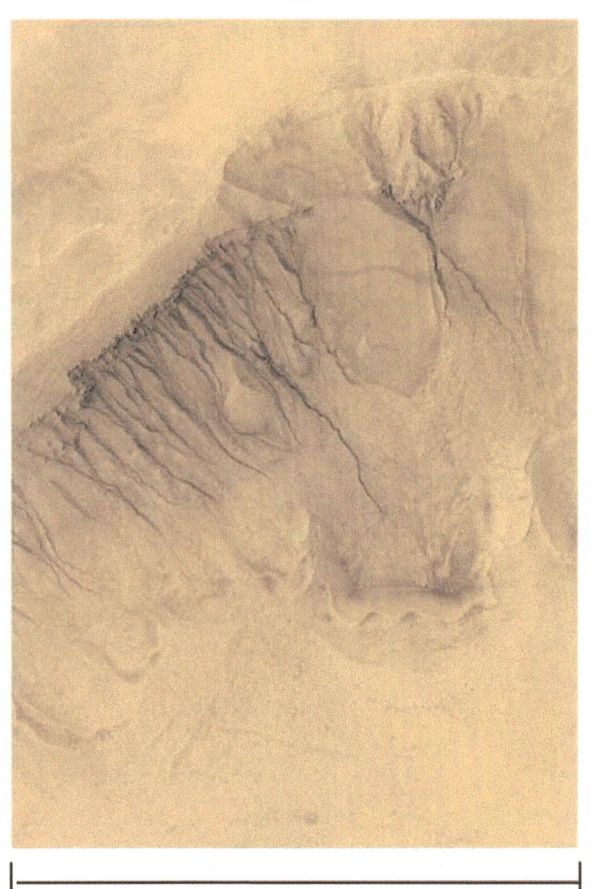

3km

화성 사진 세트

사진 7

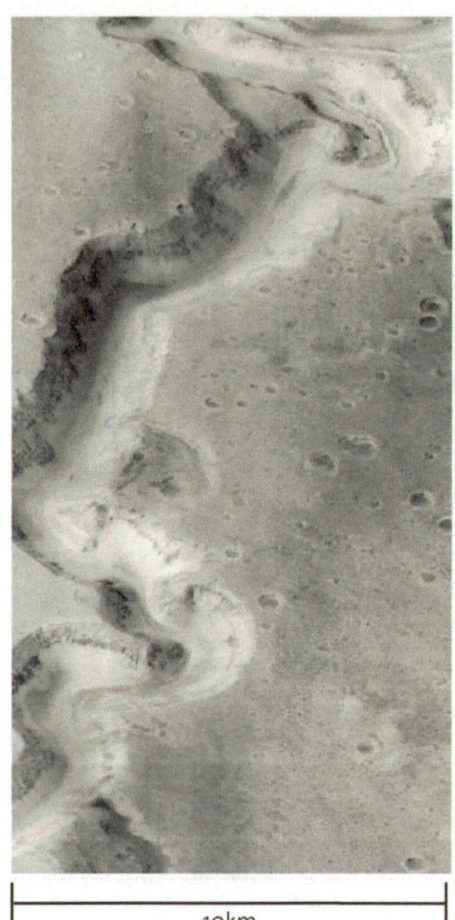

10km

사진 8

168km

화성 사진 세트

사진 9 　　　　　　　　　사진 10

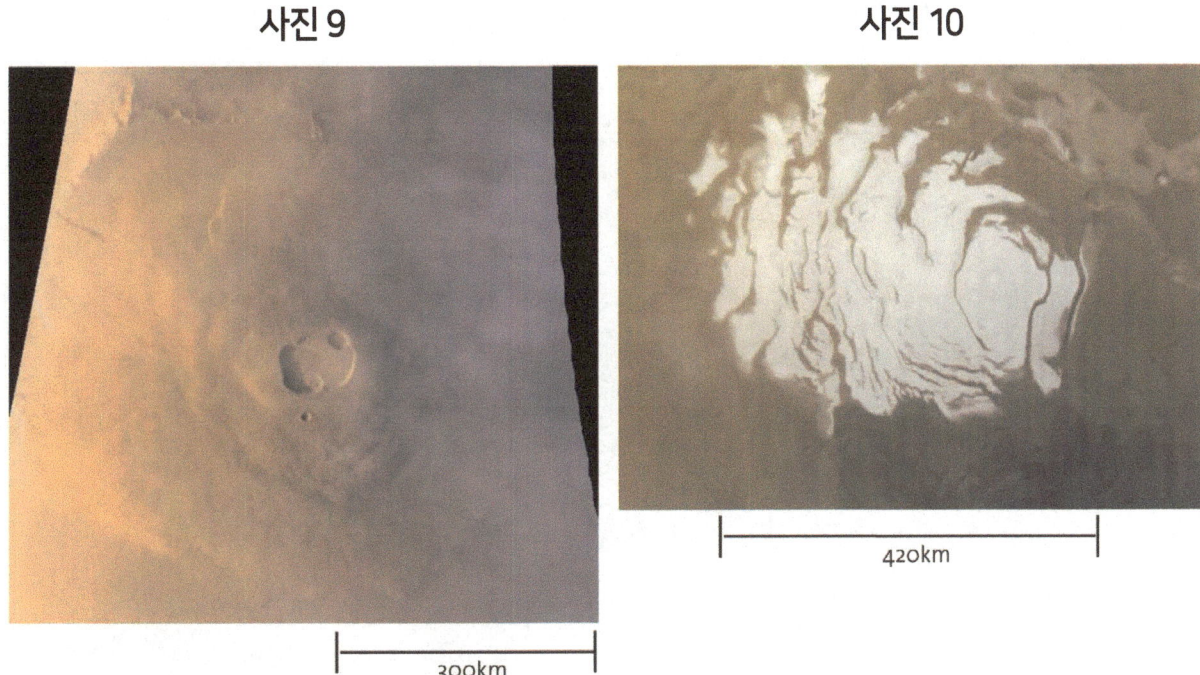

300km　　　　　　　　　420km

지구 사진 세트

사진 1

사진 2

지구 사진 세트

사진 3

사진 4

지구 사진 세트

사진 5

사진 6

136

지구 사진 세트

사진 7

사진 8

 화성 이야기

화성 지형을 만들어보자

화성 사진을 통해서 본 화성 지형을 관찰하고 그 원인에 대한 예상을 하며 실험해 본다. 바람과 물, 그리고 충돌하는 물체가 행성 표면에 미치는 영향을 보고 화성의 일부 지형이 어떻게 생성되었을지 생각해 본다.

 학습목표

바람, 물, 충돌 물체를 이용하여 화성 지형이 생긴 원인을 찾을 수 있다.

 해당학년 : 3~6학년    **소요시간 :** 80분

이것이 필요해요

바람 관련 재료 : 가로 1m, 세로 10cm 정도의 플라스틱 그릇, 모래, 접시를 덮을 깨끗한 랩, 테이프, 음료수 빨대 1개, 화성 사진 세트

물 관련 재료 : 가로 1m, 세로 10cm 정도의 플라스틱 그릇, 모래, 물주전자, 받칠 물건, 각도기 1개, 종이컵 여러 개, 양동이 1개, 신문지, 청소 도구, 화성 사진 세트

충돌 물체 관련 재료 : 가로 1m, 세로 10cm 정도의 플라스틱 그릇, 모래, 물주전자, 충돌 물체로 사용할 다양한 물건(구슬, 골프공, 테니스공, 돌멩이, 도토리, 동전, 블록 등), 화성 사진 세트

1. 바람이 화성의 지형을 만들었을까요?

 활동 내용

 **미리 준비하기**
- 플라스틱 접시를 준비한다.
  - 접시 바닥을 모래로 5cm 이상 덮는다.
  - 접시 위에 비닐 랩을 씌우고 접시 옆에 테이프를 붙여 활동 중에 랩이 떨어지지 않도록 한다.
  - 접시를 감싼 랩 한쪽 끝에 구멍을 낸다. 빨대를 꽂아 모래 표면에 바람을 불 수 있는 크기여야 한다.
    비닐 랩을 씌운 이유는 모래가 용기에서 나와 학생들 눈에 들어가지 않게 하기 위해서이다.
- 접시와 빨대를 나누어 준다.

② 원인 예상하기

- 화성 사진 세트 관찰하기
  - 3~4명으로 이루어진 팀들에게 사진 세트를 나누어 준다.
  - 바람으로 형성되었을 거라고 생각하는 지형이 있는 사진 두 장을 고르게 하고 그 이유를 말하게 한다.
- 모델링 설명하기
  - 과학자들이 자신의 생각이 맞는지 확인하기 위해 직접 화성에 갈 수는 없지만 모의 실험을 통해 자신의 생각을 증명할 수 있다고 설명한다.
  - 과학자들은 화성의 위성 사진에서 관찰되는 것과 비슷한 결과가 나오는지를 확인하기 위해 모델을 사용한다.
  - 학생들도 과학자처럼, 화성 사진에서 선택한 것과 비슷한 표면층을 만들어 바람으로 형성된 지형임을 확인하게 될 것이다.

③ 활동 실험하기

- 준비된 접시 주위로 오게 하고 화성 표면에서 본 지형 몇 가지를 만들어 볼 것이라고 설명한다.
  다음과 같이 실험하고 결과에 대해 이야기해 보도록 한다.
  - 비닐 랩 구멍에 빨대를 꽂고 표면 위로 바람을 살살 분다.
  - 빨대 각도와 방향을 바꾸어 불어 본다.
- 적절한 안전 규칙을 정한다. 비닐 백을 접시에서 떼지 말라고 주의를 준다.

④ 발견한 점 기록하기

- 모래 표면에 작용한 바람의 영향을 조사할 시간을 최대한 많이 준다.
- 지형을 만들 때의 실험결과를 기록하거나 그림으로 그리게 한다.

⑤ 결과 보고하기

- 바람의 영향에 관해 발견한 사실을 말해 주고 화성 사진의 지형과 바람의 관계에 대해 토의하게 한다.

 **지도상 유의점**

- 접시와 모래는 다음 활동에도 사용할 예정이므로 접시와 모래를 안전한 장소에 보관하도록 한다.

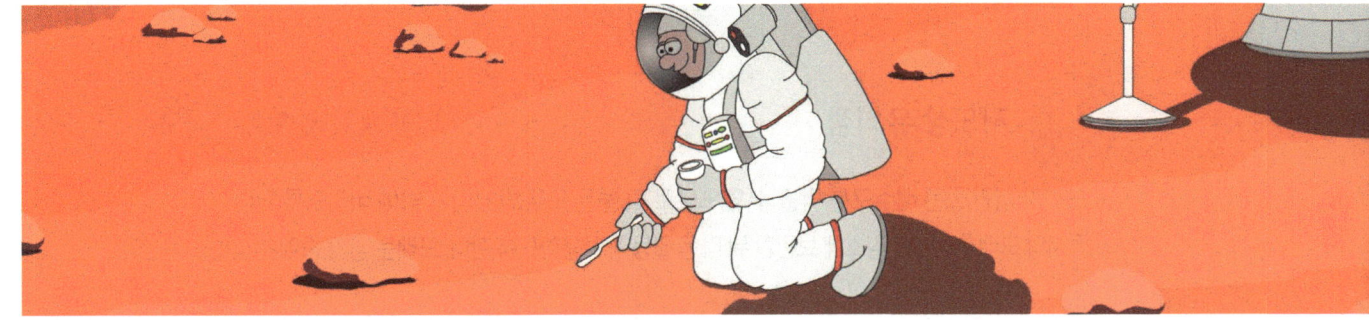

2. 물이 화성의 지형을 만들었을까요?

 **활동 내용**

1 미리 준비하기

- 모래 접시를 준비한다.
  - 모래를 적신다.
  - 각 접시 바닥을 모래로 2cm 이상 덮는다.
- 접시, 블록, 양동이, 물주전자, 컵, 청소 도구를 작업대 위에 놓는다.

2 물 형성 지형 찾기

- 화성 사진 세트 관찰하기
  - 3~4명으로 이루어진 팀들에게 사진 세트를 나누어 준다.
  - 흐르는 물로 형성되었을 거라고 생각하는 지형이 있는 사진 두 장을 고르게 하고 그 이유를 말하게 한다.

3 활동 실험하기

- 준비된 접시 주위로 오게 하고 화성 표면에서 본 지형 몇 가지를 만들어 볼 것이라고 설명한다.
  다음과 같이 실험하고 결과에 대해 이야기해 보도록 한다.
  - 접시 한쪽 끝 아래에 받칠 물건 몇 개를 놓는다. 접시의 높은 쪽 끝에서 물 한 컵을 천천히 조심해서 붓는다.
  - 받칠 물건을 더 추가하거나 없애서 접시 각도를 다르게 한다. 각도기로 접시 각도를 재는 방법을 보여줄 수도 있다.
  - 컵으로 접시 바닥에 남은 물을 떠서 양동이에 붓는 방법을 알려 준다.
- 적절한 안전 규칙을 정한다. 이 실험으로 주변이 지저분해질 수도 있으므로 주의해서 실험하도록 한다.

4 발견한 점 기록하기

- 모래 표면에 작용한 물 흐름의 영향을 조사할 시간을 최대한 많이 준다.
- 지형을 만들 때의 결과를 기록하거나 그림으로 그리게 한다.

5 결과 보고하기

- 흐르는 물의 영향에 관해 발견된 사실을 말해주고 화성의 지형과 관련하여 토의하게 한다.

 **지도상 유의점**

- 모래가 섞인 물은 배수구를 막을 수 있으므로 이 물은 모두 받았다가 밖에 버리도록 한다.
- 접시와 모래를 안전한 장소에 보관한 뒤 다음 활동에 사용하도록 한다. 모래는 공기 중에서 말리도록 한다.

3. 충돌 물체가 화성의 지형을 만들었을까요?

 **활동 내용**

① **미리 준비하기**
- 모래 접시를 준비한다.
  - 접시 바닥을 모래로 5cm 이상 덮는다.
  - 접시와 충돌 물체, 물주전자를 작업대에 놓는다.

② **화성 사진 관찰하기**
- 화성 사진 세트 관찰하기
  - 3~4명으로 이루어진 팀들에게 사진 세트를 나누어 준다.
  - 떨어지는 물체의 충격으로 형성되었을 거라고 생각하는 지형 사진 두 장을 고르게 하고 그 이유를 말하게 한다.

③ **활동 실험하기**
- 준비된 접시 주위로 오게 하고 다양한 높이에서 물체들을 떨어뜨려, 화성 표면에서 본 지형 몇 가지를 만들어 본다.
- 적절한 안전 규칙을 정한다. 물체를 떨어뜨리는 것만 허용하고 물체를 던지지 않도록 한다.

④ **발견한 점 기록하기**
- 모래 표면에 작용한 충돌 물체의 영향을 조사할 시간을 최대한 많이 준다.
- 지형을 만들 때의 결과를 기록하거나 그림으로 그리게 한다.

⑤ **결과 보고하기**
- 떨어지는 물체가 모래 표면에 미치는 영향이 무엇인지 말해 주고 화성 사진의 지형과 충돌 물체의 관계에 대해 토의하게 한다.

 **지도상 유의점**

- 마른 모래로 실험한 후에는 물을 충분히 부어 축축하게 만들라고 한다. 물을 부으면 모래 표면이 좀 더 단단해져 크레이터 지형이 약간 달라진다.
  이 실험은 좀 더 지저분해지고 시간이 더 소요되므로 필요한 경우에만 실험하도록 한다.
- 실험 준비물은 교사가 기본 재료를 직접 나누어 주고 나머지는 학생들이 팀별로 준비하도록 하는 것이 실험을 보다 주도적으로 할 수 있다.

화성 지형을 만들어 보자

학년   반
이름

바람, 물, 충돌 물체를 가지고 화성의 지형을 만들어 보자.

화성 사진들을 보고 지구의 지형과 어떻게 다른지 확인하였습니다.
화성 지형은 어떻게 생겼을까요?
바람과 물, 충돌 물체를 가지고 화성의 지형을 만들어 봅시다.

도전
과제

이것이 필요해요

바람 관련 재료 : 가로 1m, 세로 10cm 정도의 플라스틱 그릇, 모래, 접시를 덮을 깨끗한 랩, 테이프, 음료수 빨대 1개, 화성 사진 1세트

물 관련 재료 : 가로 1m, 세로 10cm 정도의 플라스틱 그릇, 모래, 물주전자, 받칠 물건, 각도기 1개, 종이컵 여러 개, 양동이 1개, 화성 사진 세트, 신문지, 청소 도구

충돌 물체 관련 재료 : 가로 1m, 세로 10cm 정도의 플라스틱 그릇, 모래, 물주전자, 충돌 물체로 사용할 다양한 물건(구슬, 골프공, 테니스공, 돌멩이, 도토리, 동전, 블록 등), 화성 사진 세트

1. 바람이 화성의 지형을 만들었을까요?

 활동 결과

① 비닐 랩 구멍에 빨대를 꽂고 모래 위로 바람을 살살 불면 무슨 일이 일어날까요?

② 어떤 종류의 지형이 형성됩니까?

③ 화성 사진 중에 이러한 지형과 비슷한 것이 있습니까?

④ 빨대 각도와 방향을 바꾸면 어떻게 달라집니까?

⑤ 바람이 화성의 지형을 만드는데 영향을 주었다고 생각합니까? 그 이유는 무엇입니까?

2. 물이 화성의 지형을 만들었을까요?

활동 결과

① 접시의 높은 쪽 끝에서 물을 천천히 부으면 모래가 어떻게 됩니까?

② 접시의 각도를 달리하면 물 흐름이 어떻게 달라지나요?

③ 접시의 각도를 달리하면 지형은 어떻게 달라집니까?

④ 화성의 지형을 만들기 위해 물의 양이나 속도를 잘 조절했습니까?

⑤ 물이 화성의 지형을 만드는데 영향을 주었다고 생각합니까? 그 이유는 무엇입니까?

 화성 이야기

3. 충돌 물체가 화성의 지형을 만들었을까요?

 활동 결과

① 다양한 높이에서 물체들을 떨어뜨리면 패인 구멍 즉 크레이터들이 어떻게 다른가요?

② 가벼운 물체와 무거운 물체를 떨어뜨릴 때 모양이 어떻게 다른가요?

③ 형태가 다른 물체가 떨어지면 모양은 어떻게 다릅니까?

④ 떨어지는 높이를 다르게, 물체의 종류를 다르게 해 보았습니까? 지형이 어떻게 달라집니까?

⑤ 충돌 물체가 화성의 지형을 만드는데 영향을 주었다고 생각합니까? 그 이유는 무엇입니까?

 ## 행성을 여행해 볼까?

달과 화성을 학습한 후 태양계의 여러 행성에 관심을 갖게 한다. 다른 행성 사진들을 보여주며 비교하게 한 뒤 자신의 가상 여행 이야기의 무대가 될 행성을 하나 선택하여 만화로 표현하게 하는 활동이다.

 학습목표

다른 행성으로 여행하는 이야기를 만화로 나타낼 수 있다.

 해당학년 : 3~6학년　　 **소요시간 :** 60분

 이것이 필요해요

태양계 사진 1세트, 색칠 도구, 자 등

 활동 내용

1 사진 비교하기
- 태양계 사진 세트를 팀별로 나누어주고, 사진들을 비교하게 한다.
- 지구와 가장 비슷한 것, 가장 다른 것 등 각자 기준을 정하여 비교하게 한다.
- 각 팀이 선택한 기준을 말하고 행성을 그 기준에 넣은 이유를 말하게 한다.

2 만화 만들기
- 각 팀에 행성 하나를 선택하고 그 행성으로 비행하는 이야기를 만들게 한다.
- 생각이 잘 떠오르도록 만화 견본을 미리 준비하여 보여 줄 수도 있다.
- 만화를 구성하는 방법을 모두 이해시키도록 한다.
- 만화 이야기를 만들 때 필요한 방법을 다음과 같이 제시한다.
  - 팀별로 이야기를 만들게 하는 것도 한 가지 방법이다. 이야기에는 행성까지 가는 방법과 행성에 도착했을 때 볼 수 있는 내용이 담겨야 한다.
  - 다음으로, 이야기를 전달할 때 필요한 커트 수와 각 커트 속에 어떤 내용을 담을지 구상하여야 한다.
  - 팀원 모두가 커트 한두 개씩 맡아 작업을 분담한다.

③ 이야기 전달하기
- 만화를 완성하면 모두가 볼 수 있도록 칠판에 걸어 놓는다.
- 각 팀에서 만든 이야기를 발표하도록 한다.

 지도상 유의점

- 학생들 활동지에 있는 만화 커트 수는 임의로 정한 것이므로, 그것에 국한되지 않고 자유롭게 나타낼 수 있도록 교사가 여분의 종이를 마련해 주도록 한다.

행성을 여행해 볼까

학년   반
이름

도전과제 다른 행성을 여행하는 이야기를 만화로 나타내 보자.

□ 태양계 행성(명왕성 제어해야 함)

■ 수성

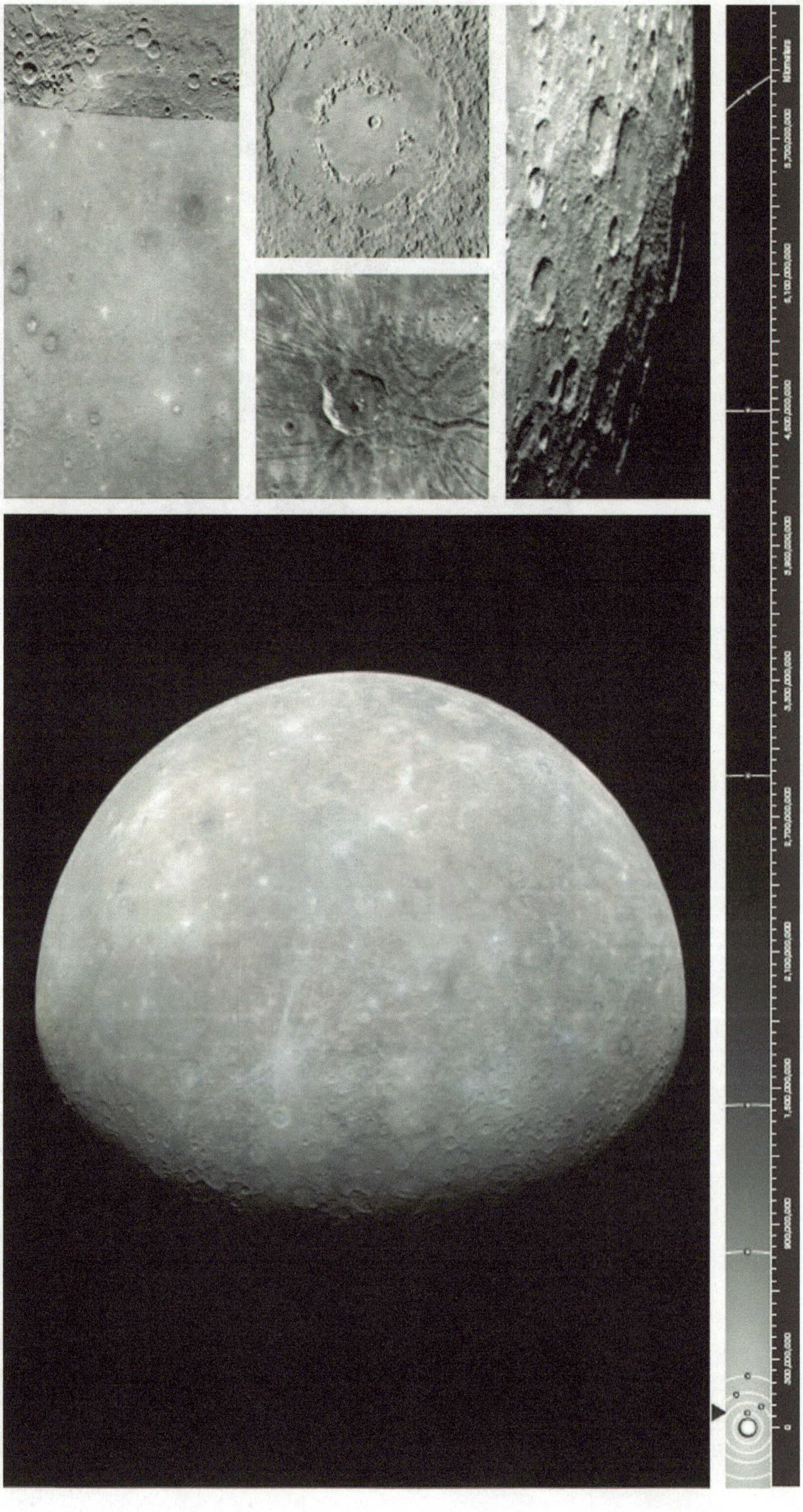

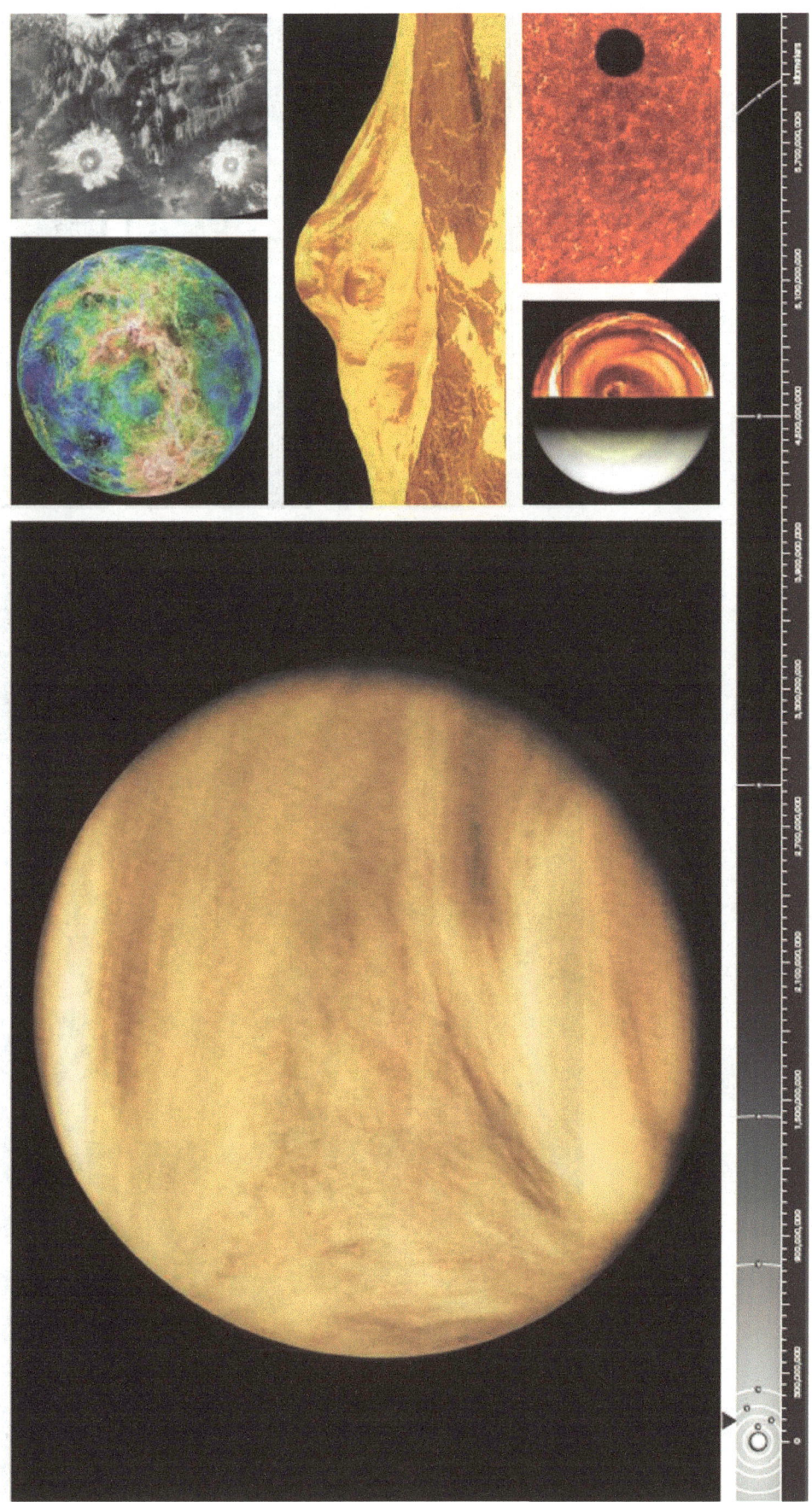

금성

■ 지구

152

화성 이야기

■ 화성

154

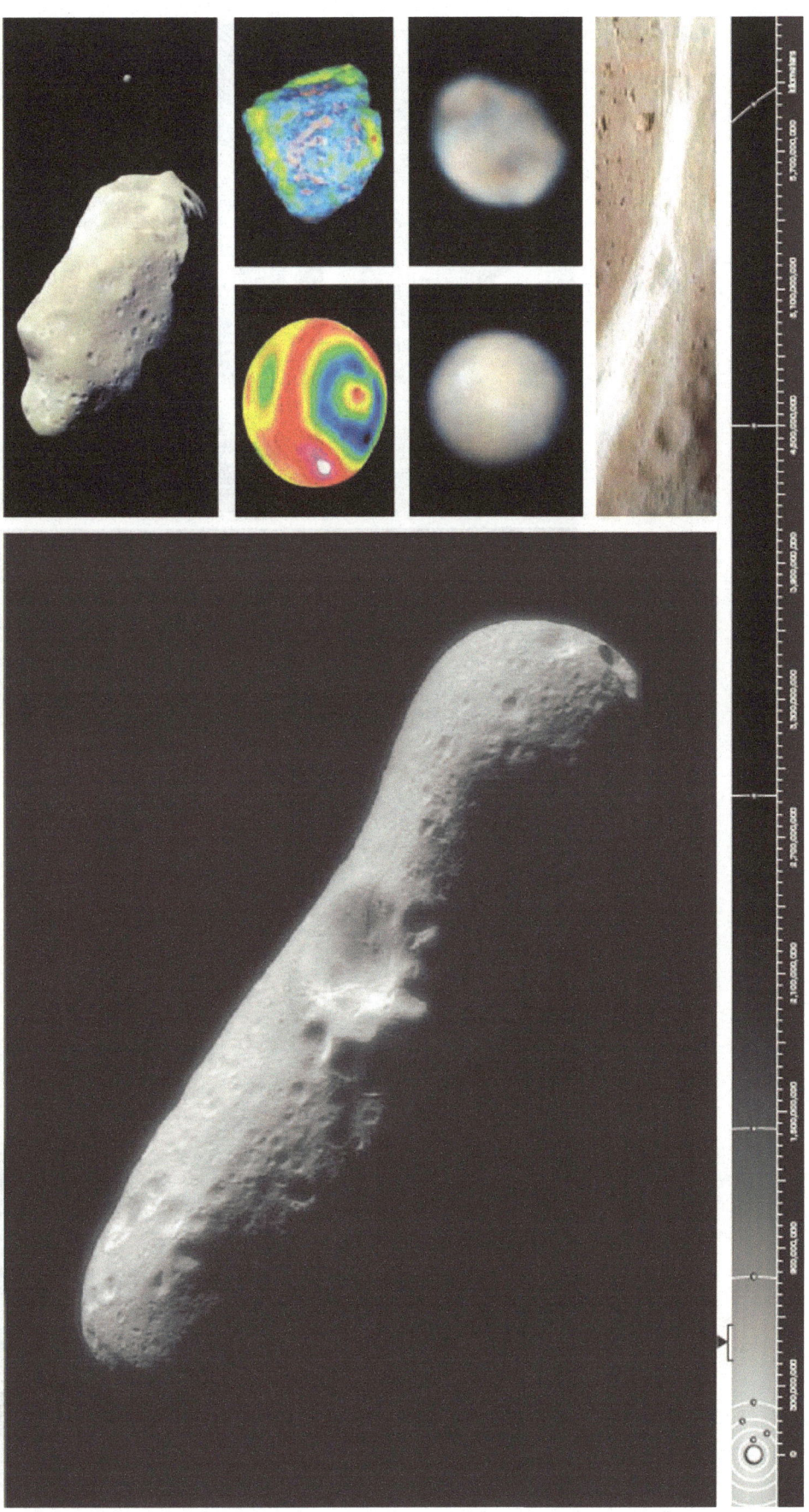

■ 소행성

■ 목성

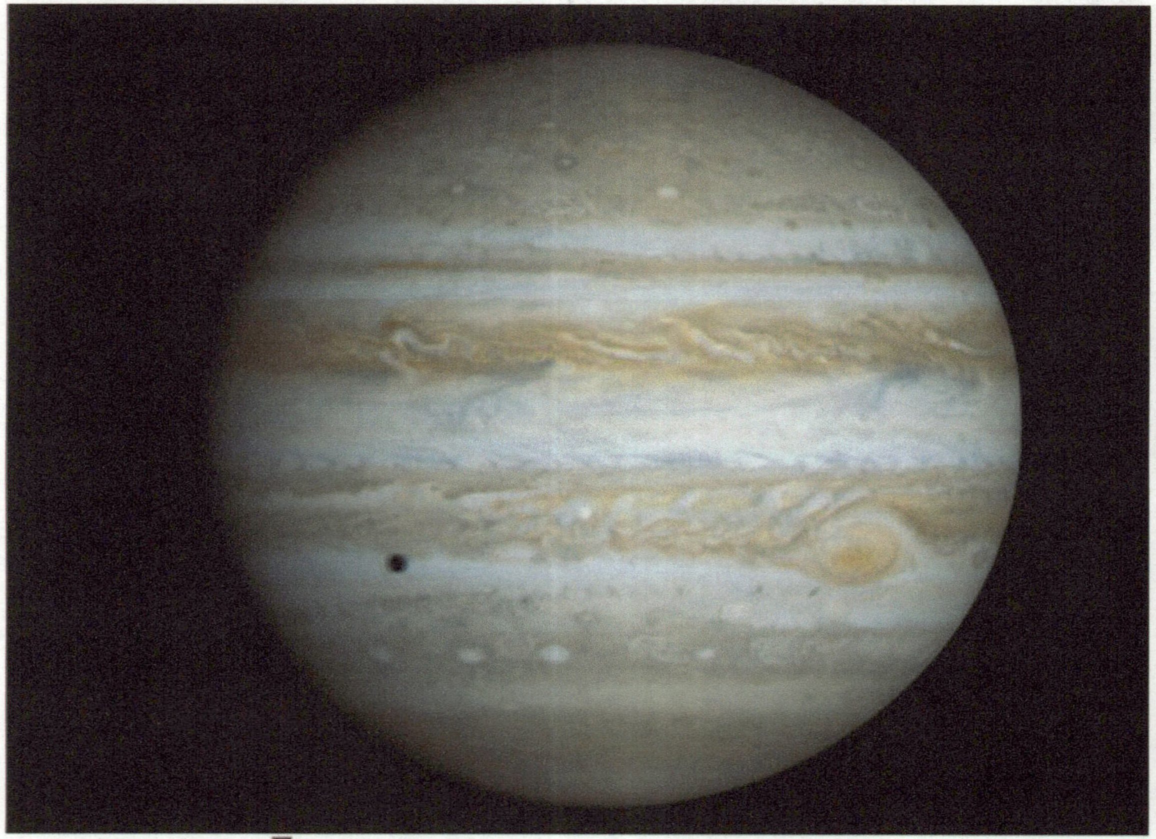

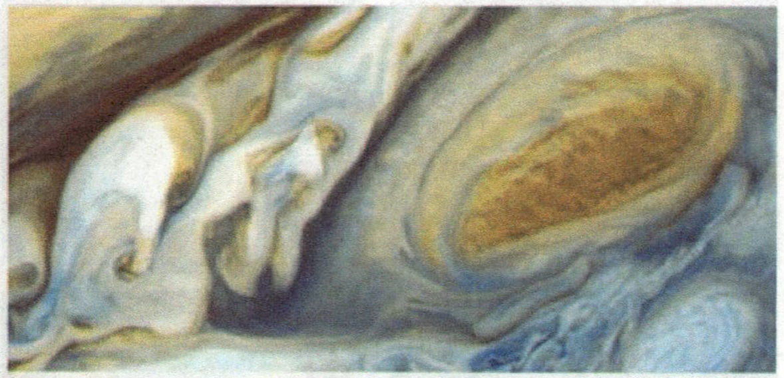

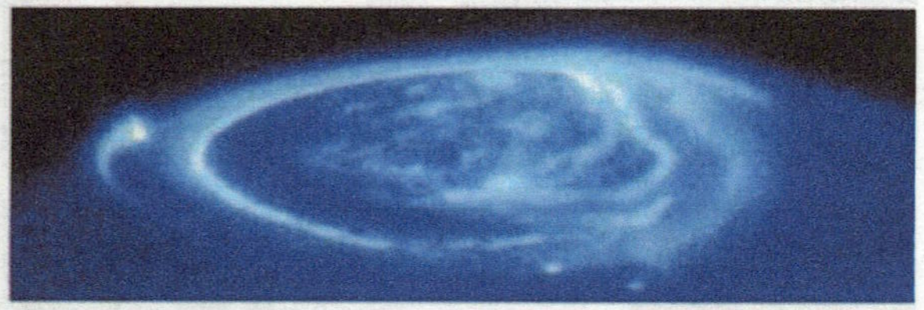

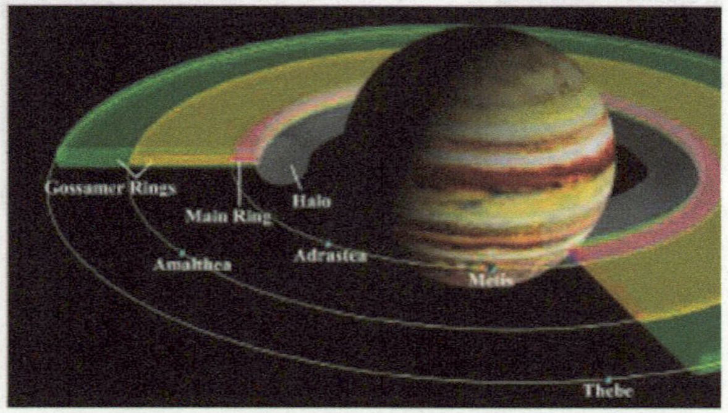
Gossamer Rings
Main Ring
Halo
Adrastea
Amalthea
Metis
Thebe

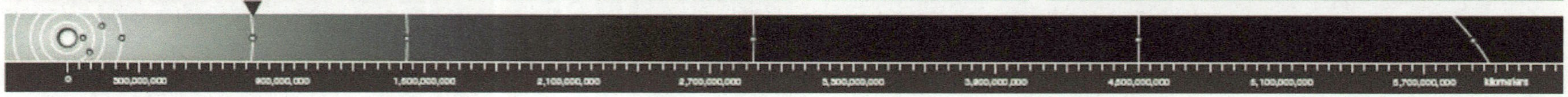
0
300,000,000
900,000,000
1,500,000,000
2,100,000,000
2,700,000,000
3,300,000,000
3,900,000,000
4,500,000,000
5,100,000,000
5,700,000,000
kilometers

□ 토성

화성 이야기

■ 천왕성

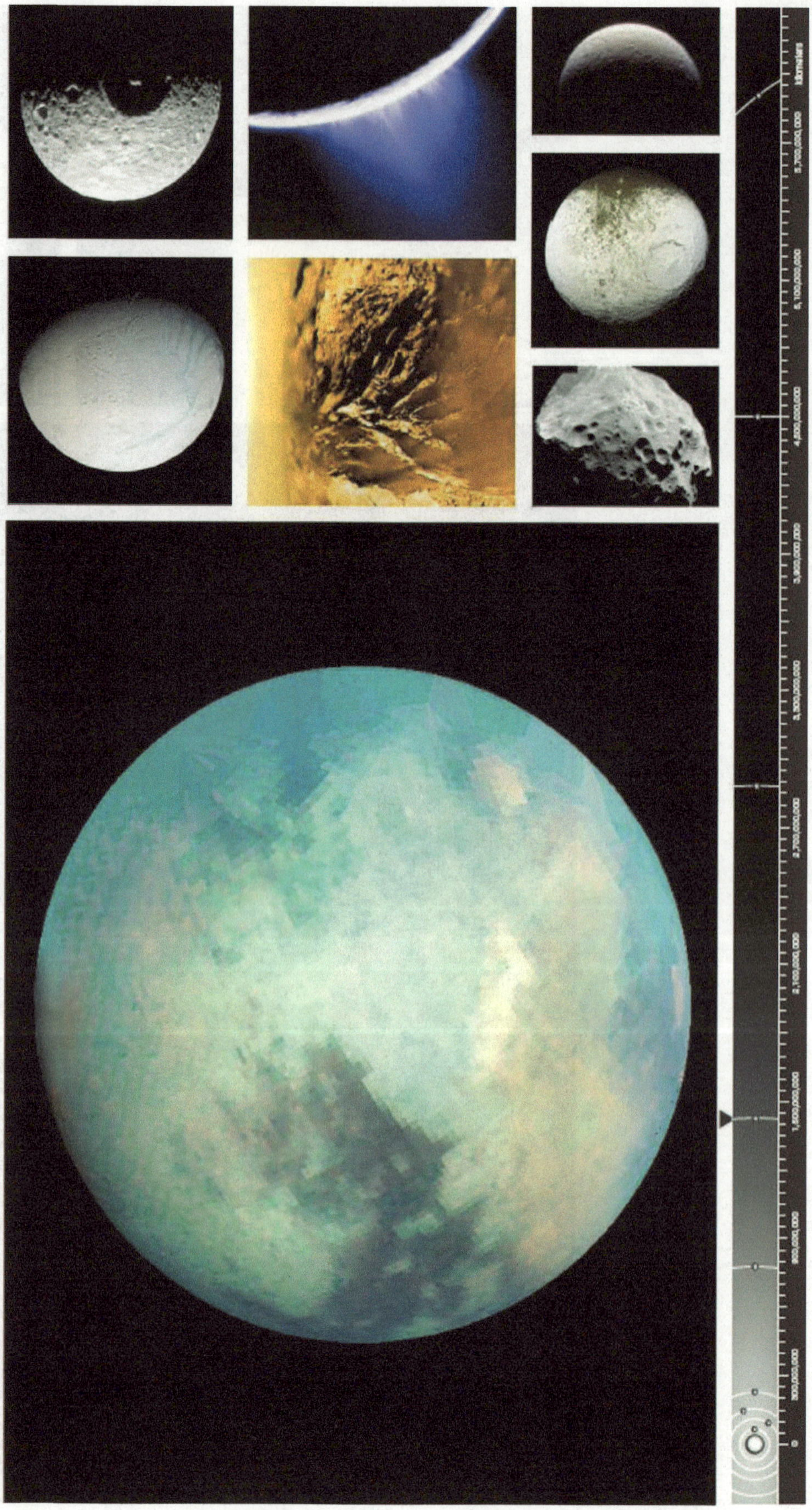

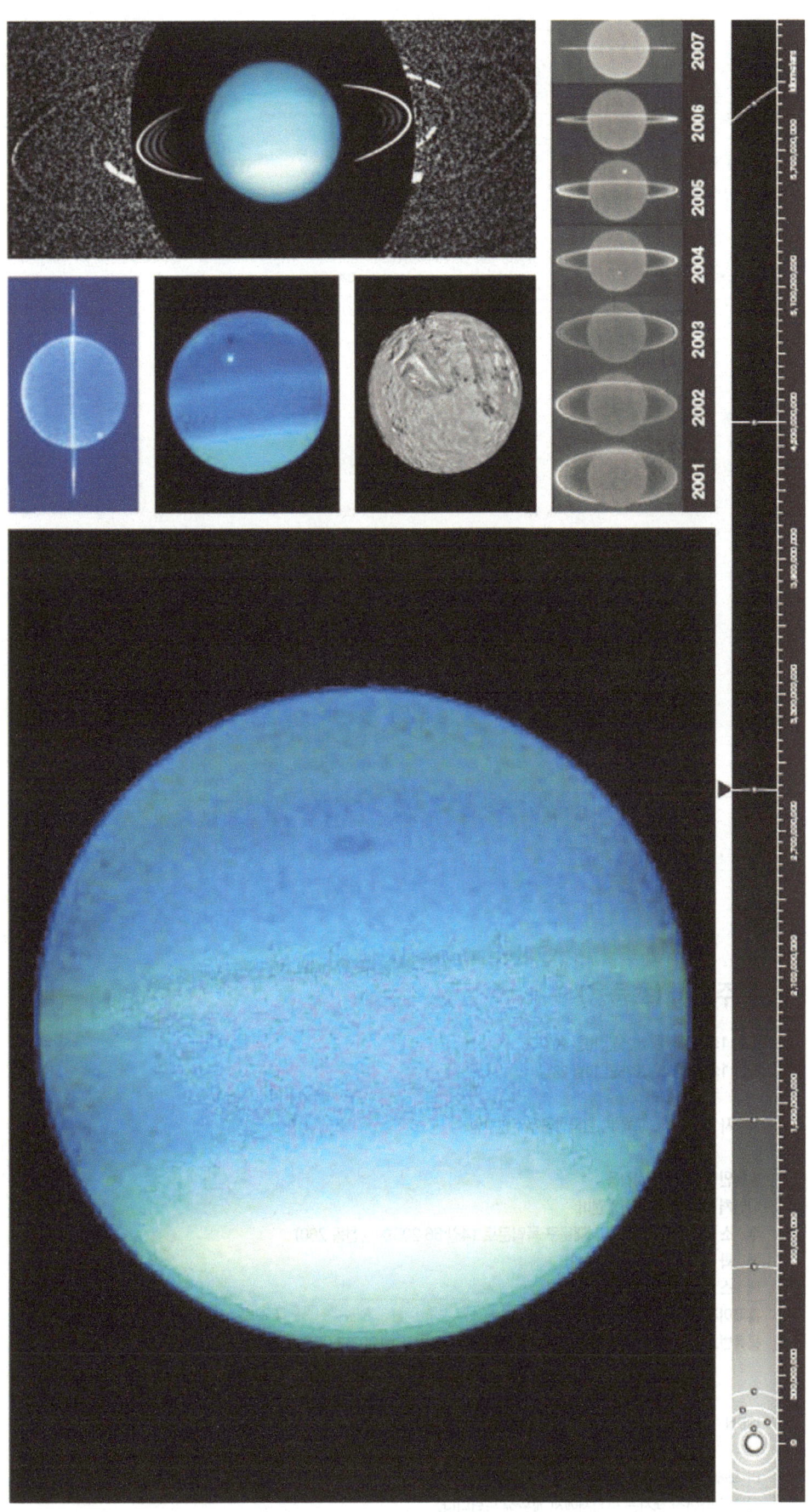

■ 해왕성

우주탐사 (초등용)

초판 1쇄 인쇄　2025년 10월 20일
초판 1쇄 발행　2025년 10월 28일

저 자　교육부, 한국항공우주연구원

발행인　김갑용
발행처　진한엠앤비
주 소　서울시 서대문구 독립문로 14길 66 205호(냉천동 260)
전 화　02) 364 - 8491
팩 스　02) 319 - 3537
홈페이지주소　http://www.jinhanbook.co.kr
등록번호　제25100-2016-000019호 (등록일자 : 1993년 05월 25일)
　　　　　ⓒ2025 jinhan M&B INC, Printed in Korea

ISBN　979-11-290-6180-5　(93550)　정 가 17,000원

이 책에 담긴 내용의 무단 전재 및 복제 행위를 금합니다.
잘못 만들어진 책자는 구입처에서 교환해 드립니다.